乡村振兴农业高质量发展科学丛书

知蔬食意

张文君　等　著

中国农业科学技术出版社

图书在版编目(CIP)数据

知蔬食意 / 张文君等著 . --北京：中国农业科学技术出版社，2023. 5

(乡村振兴农业高质量发展科学丛书)

ISBN 978-7-5116-6145-6

Ⅰ. ①知…　Ⅱ. ①张…　Ⅲ. ①蔬菜园艺-普及读物　Ⅳ. ①S63-49

中国版本图书馆 CIP 数据核字(2022)第 247063 号

责任编辑　白姗姗
责任校对　李向荣
责任印制　姜义伟　王思文

出 版 者　中国农业科学技术出版社
北京市中关村南大街 12 号　　邮编：100081
电　　话　(010) 82106638 (编辑室)　　(010) 82106624 (发行部)
(010) 82109709 (读者服务部)
网　　址　https://castp.caas.cn
经 销 者　各地新华书店
印 刷 者　北京建宏印刷有限公司
开　　本　170 mm×240 mm　1/16
印　　张　7.75
字　　数　140 千字
版　　次　2023 年 5 月第 1 版　2023 年 5 月第 1 次印刷
定　　价　39.90 元

《乡村振兴农业高质量发展科学丛书》
编辑委员会

乡村振兴实践过程中针对农业产业发展遇到的理论、技术等各层面问题，组织科研人员精心撰写了《乡村振兴农业高质量发展科学丛书》，展现科学成就、兼顾科技指导和科学普及，助推乡村全面振兴。

《乡村振兴农业高质量发展科学丛书——知蔬食意》

著者名单

主　著　张文君

副主著　颜　冬　赵　佳

著　者　许念芳　王立霞　张一卉　刘　辰
王施慧　赵　朋　孟昭娟　刘　鹏
赵　倩　岳丽昕　孙亚玲　石少川
张　庶　魏延飞　孙胜楠

前　言

蔬藏万象　青耕未央

蔬菜，这来自自然的珍贵馈赠，不仅滋养生命，更承载着深厚的历史文化底蕴。它是人类饮食舞台上不可或缺的主角，将营养与健康送达餐桌，也悄然传递着民族的情感与时光的印记。从远古先民的采集初探，到如今现代化农业的多样育种，蔬菜家族日益繁茂，品质亦不断精进，吸引着越来越多探寻其价值的目光。种类万千的它们，或成就家常小炒的烟火气息，或铸就美味佳肴的精妙绝伦，各自绽放着独特的风味与口感。

本书邀您共赴一场蔬菜王国的奇妙之旅。我们将溯源历史长河，探索它们的环球旅程；深入挖掘其营养宝藏与药用智慧，探究蔬菜对身体健康的益处；更将展现蔬菜世界的多姿多彩，并奉上与之相伴的诱人美食。书中还悉心分享了实用的种植技巧与栽培心得，让您品味佳肴之时，亦能体验亲手培育、收获满园的欣喜与乐趣。

尤为惊喜的是，随书附赠一份特别的礼物——精彩蔬菜科普视频！只需轻扫书中二维码，即可聆听专家娓娓道来的科普知识，更加生动、直观地领略蔬菜的无穷魅力。当科技赋能农业，当土地交织人文，乡村振兴的蔬菜画卷便在锄犁和数据间徐徐展开。

著者

2023 年 5 月

目　　录

第一章

璀璨十字花——蔬菜中的自然瑰宝

第一节　百菜不如白菜

宋代诗人苏轼在《雨后行菜圃》中写道："白菘类羔豚，冒土出熊蹯。"白菘菜像小羔羊和熊掌一样，味道鲜美，非同一般。白菘，即白菜，是我国的"土著蔬菜"，属于十字花科芸薹属，古时候称为"黄芽菜"。

我们熟知的"白菜"这一名称出现比较晚，《诗经·邶风·谷风》中有"采葑采菲，无以下体"的诗句，这里的"葑"便是大白菜的祖先，不过当时的"葑"是根叶兼食的蔬菜，与我们现在熟知的大白菜是不同的。汉代时期，葑菜分化成了南方的菘菜和北方的芜菁，大白菜就是起源于那时的"菘"。魏晋隋唐时期，菘菜又进一步分化出了很多种类。唐代苏敬的《新修本草》记载："菘有三种，有牛肚菘，菘叶最大厚、味甘；紫菘叶薄细，味小苦；白菘似蔓菁。"其中的牛肚菘便是现在大白菜的雏形。直到宋代，才真正开始出现"白菜"这一名字，南宋成书的《嘉定赤城志》中说："大曰白菜，小曰菘菜"。明代中叶，真正意义上的结球大白菜得以精心培育并问世。而到了清代，大白菜不仅成为京城居民在寒冷冬季的主要蔬菜来源，还涌现出了诸如京师花心白菜、安肃竖心白菜和胶州白菜等享有盛名的"名菜"和"贡菜"。从此，结球白菜逐步取代了散叶、半结球白菜而成为长江以北各省的家常菜。

老话常说"百面不如白面，百菜不如白菜"，大白菜可谓是当之无愧的"百菜之王"。但在古时候，被称作"百菜之王"的却不是它，而是葵菜，又叫冬葵、冬苋菜或滑菜。对于这个名字，大部分人会感到很陌生，但如果提到一句古诗"青青园中葵，朝露待日晞"（《长歌行》），便会非常熟悉了，这里的"葵"，就是葵菜。葵菜在我国有着悠久的历史，从商周时期开始，古人就开始种植葵菜，并且把它当成一日三餐的主食。然而，随着元明时期的到来，我国大部分地区遭遇了"小冰河期"，气候变得寒冷而严峻。大白菜凭借产量高、口感好、储存时间长等诸多优势，从众多蔬菜中脱颖而出，成为北方最重要的冬储蔬菜，并逐渐打败了在蔬菜界称霸千年之久的葵菜而成为"百菜之王"。

大白菜从苗期到开花期都可食用，苗期的小白菜、鸡毛菜，莲座期的快菜，成熟后的大白菜，开花期的菜心或菜薹，每个生长阶段都各具风味。大白菜食用部位汁水丰盈，水分含量超过 90%，富含粗纤维、粗蛋白、可溶性糖、

田间大白菜

氨基酸、类胡萝卜素、维生素等，还有硫苷类、黄酮类、生物碱、酚酸类等，以及钾、钠、钙、镁、磷等大量元素和铜、铁、锌、锰、碘、硒等微量元素，营养全面均衡。大白菜还是药食兼用蔬菜，其性微寒，汁液丰富，能通利肠胃，缓解因上火而导致的便秘；对于一型糖尿病患者，常吃大白菜有助于降低并稳定血糖；还有一定的止咳效果，适宜治疗肺热干咳。近年来更是发现，大白菜中富含的吲哚-3-甲醇，能够有效抑制细胞癌变，预防肿瘤发生。

大白菜类型丰富、品种繁多，按照栽培季节可粗分为春白菜、夏白菜和秋白菜。春白菜通常生长期较短，低温条件下不易抽薹；夏白菜通常抗病抗逆性较好，耐热、不易感病；秋白菜的生长期稍长，产量也高，品质是一年中最好的。根据形态还可以分为散叶、半结球、花心和结球，其中最常见的是结球白菜，近年来很多消费者感到疑惑的娃娃菜和快菜实际上也属于大白菜。大白菜的“大”除了体现在个头上外，还体现在关乎国计民生、保障百姓菜篮子的重要性上，虽然现在人们的餐桌逐渐丰富，但大白菜的重要地位仍不可替代。千百年来，人们一直在追求创新大白菜烹饪方式，创制出了多种多样的吃法。简单的如炝炒大白菜、醋熘大白菜，保留了大白菜自身的鲜甜。还能与其他食材搭配，如大白菜炖豆腐、大白菜炒猪肝、大白菜炒虾，还有猪肉白菜水饺。另外，大白菜腌制成泡菜、酸菜作为配菜或咸菜，那味道也是一绝。除了上面这些“平民”做法外，还有“高大上”的吃法。例如，明太祖朱元璋吃过的“珍珠翡翠白玉汤”，还有以皇帝命名的“乾隆白菜”，芝麻酱的香气与白菜心的清甜相互融合，口感爽脆、味道浓郁且酸甜开胃。

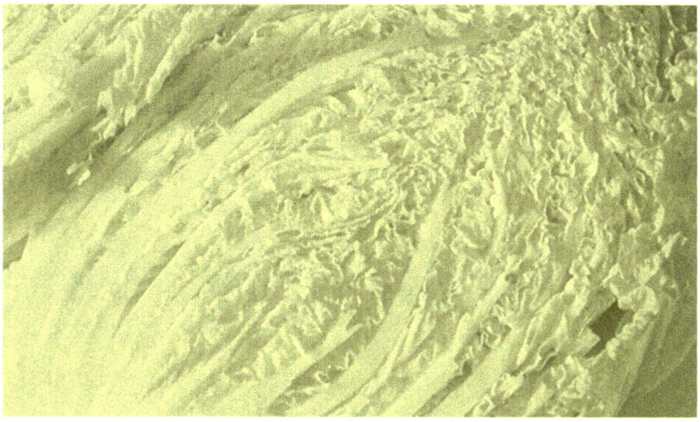

黄心大白菜

大白菜原以秋季栽培为主，随着育种技术和设施农业的发展，目前春、夏、秋三季均可种植，春季栽培需选用耐抽薹品种，主要在设施内栽培；夏秋两季主要是露地栽培。春季栽培首要的是品种选择，必须选用耐抽薹的品种；在土壤肥沃、光照充足地块，施足基肥；采用育苗移栽，控制温度不低于13℃，根据定植时间选择适当覆盖方式；定植后浇小水缓苗促根，结球期确保水分充足，预防干烧心及虫害。夏季栽培应选用耐湿热结球品种或快菜品种，选择排灌条件好的地块，施肥量减半；直播或育苗移栽，确保水分充足，雨后及时排涝并防治虫害。秋季栽培可选优质、特色品种，选择土壤肥沃、光照充足、排灌条件好的地块，施肥量与春白菜相当；建议采用育苗移栽，也可以直播；定植后，苗期重点是防虫、除草，并确保水分供应，结球期追肥 2~3 次，10 月初重点喷杀虫剂，预防地老虎、夜蛾等幼虫钻入叶球内。通过合理的品种选择、栽培管理及病虫害防治，可实现大白菜的周年生产，满足市场需求，提高种植效益。

山东省农业科学院蔬菜研究所是我国最早开展大白菜育种研究的单位之一，育成了一系列大面积推广的优良品种，早期培育的品种包括“鲁白一号”“山东四号”“山东七号”等。近年来培育的有春季品种“鲁春松 102”，中棵，耐抽薹、黄心面积大、净菜率较高，生长期 70~75d，丰产性好，食用口感较好，不易干烧心，抗霜霉病，对根肿病有一定抗性。夏秋兼用品种“胜

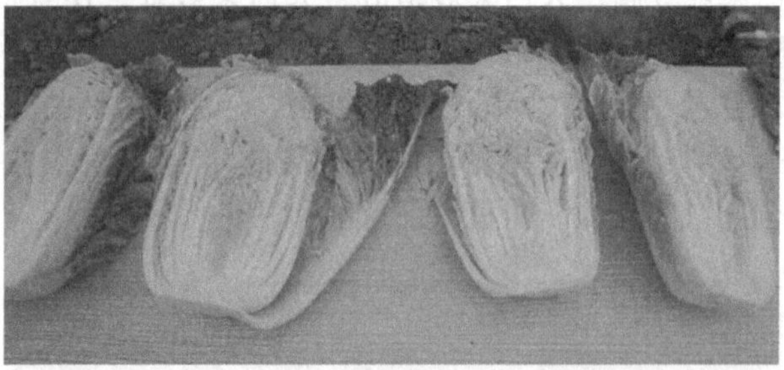

大白菜剖切面

夏01”，小棵，净菜率高，生长期50~55d，食用口感好，抗霜霉病、抗病毒病，较抗软腐病。夏秋兼用早熟品种“鲁夏秋55”，近中棵，净菜率高，生长期50~60d，丰产性好，抗霜霉病、较抗软腐病、中抗芜菁花叶病毒病。秋早熟品种“牛早秋1号”，近中棵，净菜率61.0%，软叶率53.7%，生长期约63d，丰产性好，食用口感好，抗病毒病，不夹皮烂；2010年通过山东省品种审定，2018年品种转让。秋早熟品种“牛牌19号”，近中棵，净菜率68.0%，生长期约65d，丰产性好，抗霜霉病、较抗软腐病、中抗芜菁花叶病毒病；2018年通过农业农村部品种登记，2023年入选全国9个大白菜骨干品种。秋中早熟品种“鲁秋白1号”，近中棵，净菜率较高，生长期70~75d，丰产性好，食用口感较好，抗病毒病、抗霜霉病、较抗软腐病。秋中熟品种“鲁秋白3号”，中棵，结球性好，充心快，净菜率较高，生长期75~78d，高产，食用口感较好，抗病毒病、抗霜霉病。

牛牌19号

第二节　头茬菜心赛人参

《咏迟菜心三首》其一有诗云："迟菜花开色正妍，丛枝叠翠叶田田。"迟菜花色彩鲜艳，正值盛开之际，枝条上绿叶层层叠叠，交织成一片郁郁葱葱的绿意盎然之景。

田间菜心

菜心起源于我国南方省份，主要分布在广东、广西、海南、台湾、香港和澳门等地，并成功引种至世界各地。在我国南方，由于其得天独厚的气候条件，四季均可种植，且栽培面积很大。相比之下，北方因冬季严寒，露地种植受限，栽培面积则相对较小。说到菜心，它的名称并非一成不变，而是在长期的种植与培育过程中逐渐演变而来。最早在南宋时期，人们开始食用其花茎和薹心。至明代，不仅作为蔬菜食用，还被用来榨油。春初时食用花茎，称为"薹心菜"，而到了夏初则利用籽粒榨油，又称为"油菜"。由于自然环境、地域习俗及偏好的差异，有的地方以榨油为主，而像广东、广西等地则以食用花茎为主。经过长期的定向培育，菜心逐渐形成了具有地方特色的蔬菜品种，并首次在道光二十一年（1841 年）的广东《新会县志》中被正式记载为“菜心”。

菜心被誉为“蔬品之冠”和“百蔬之王”，营养成分十分丰富，含有对人体有益的粗纤维、维生素 A、维生素 C、胡萝卜素、钙、铁、钾等，具有较高的营养价值和药用价值。尤其是维生素 C 含量极高，每 100g 中维生素 C 的含量可达 34~79mg，有美白润肺、增强免疫力、预防感冒的效果。而维生素 A 则能有效保护眼睛，缓解视疲劳，特别是对于那些经常看手机或电脑的朋友们，多吃菜心是保护眼睛的好办法。此外，菜心中丰富的膳食纤维能够促进胃肠蠕动，帮助消化，预防便秘和肥胖。从医学角度来看，菜心性辛凉，具有清热解毒、散血消肿、利尿等功效。在秋季等易感季节，多吃菜心可以有效缓解感冒、上火、喉咙痛等病症，还能降低血液中的胆固醇，控制血脂，非常适合减肥和高血脂人群。由于菜心中还含有丰富的钙和铁，可以预防贫血，对于儿童来说，多吃菜心对生长发育有一定的益处。

菜心苗

菜心根据栽培季节可以分为三类。早熟类型，低温敏感，4—10 月播种，以采收主薹。中熟类型，生长期略长，9—11 月播种，以采收主薹为主，此类型的品质最佳。晚熟类型，植株较大，低温抽薹较慢，11 月至翌年 3 月播种，主、侧薹兼收。另外，菜心还可以根据产品颜色分为红色菜心和绿色菜心，以绿色菜心较为常见。

菜心是秋季主要蔬菜之一，白露过后，正是菜心上市的时节，此时的菜心鲜嫩可口，因此，民间对菜心有“头茬营养赛人参”的说法。菜心可炒食、凉拌、煮汤等，这繁多的做法中，有代表性的当属粤菜的经典名菜——白灼菜心，所谓的“白灼”可并不是简单地用开水煮一下，而是要把菜心烫熟，还要保证这道菜翠绿不变色，做出来口味清爽。上等的食材往往只需要简单的烹饪方式，单以菜心为主要食材，配以不同的作料，可以做出多种多样的美食，如盐水菜心、蚝油菜心、奶油菜心、蒜蓉菜心等。菜心优秀又内敛的“性格”，让它可以与很多食材完美搭配，搭配素菜，如菜心鸡腿菇汤、口蘑扒菜

商品菜心

心、豉油粉丝蒸菜心、凉拌黄豆菜心、香菇烧菜心等；搭配肉类，如肉沫炒菜心、菜心熘鸡脯、牛肉炒菜心、腊肉炒菜心等，吃起来既美味又营养。

菜心的生长适温一般为15~25℃，对光照要求不高，但对肥料和水分的需求较大，尤需氮肥。菜心可直播也可育苗移栽，早春种植一般选择温室或冷棚育苗，3月底播种；采用种子直播时，应结合地膜覆盖，并及时疏苗，控制密度。生长期需要追肥，晴天早晚淋水，天气炎热时加“过午水”；采收前5d，应控制少喷水，保证品质和保鲜时间；常见病害有病毒病、霜霉病、软腐病、黑腐病等，以预防为主，结合药剂治疗。菜心主要采收主薹和侧薹，早熟品种和秋季种植的只收主薹；中晚熟品种，可兼收侧薹；最佳采收期为主薹长到叶片顶端时，先端有初花，俗称“齐口花”，此时采收的菜薹比较嫩，口感较好。

第三节　颇觉春容油菜花

元代诗人黄公绍在《望江南》一诗中曾写道：“油菜花间蝴蝶舞，刺桐枝上鹁鸠啼。”漫山遍野的油菜花，如同璀璨的阳光洒满大地，蝴蝶在其中翩翩起舞，鹁鸠也在枝头悠扬地啼鸣。

油菜，十字花科芸薹属，因其菜籽可以榨油，故而得名。我国是油菜的起源地之一，栽培历史悠久，公元前3000年的夏代历书《夏小正》有“正月采芸，二月荣芸”的记载，这里的“芸”，就是油菜。古时候的油菜最初主要是作为蔬菜食用，称为芸薹菜，鲜嫩的菜薹历来为珍贵佳肴，被供作皇戚膳食或祭祀品。贾思勰著《齐民要术》中，就把芸薹菜列为古代21种重要蔬菜之一。后来，在人们长期种植和食用过程中，发现了油菜籽粒中含有油分，逐渐将油菜从菜用转为蔬油兼用。油菜最初是由白菜和甘蓝天然杂交形成的，后来又与同为芸薹属的芜菁、苤蓝、花菜、西蓝花、芥蓝等多种蔬菜杂交、繁衍、传播，最终油菜家族壮大成了3个各具特色的亚种：白菜型油菜、芥菜型油菜和甘蓝型油菜。

白菜型油菜，也叫北方小油菜、小白菜、小青菜、矮油菜、甜油菜等，原产于我国西北地区，经过长期的发展，在我国形成了南北两大类型。北方类型生长迅速，耐瘠薄，耐寒且适应性强，但种子的含油量不高，多被当作蔬菜食用；南方类型株型中等，分枝性强，茎秆较粗，种子含油量高，多用于榨油。白菜型油菜在日常生活中极为常见，尤其在南方地区，“宁可一日无肉，不可

油菜花开

一日无青菜”中的青菜便是指白菜型油菜。它含有丰富的植物纤维、维生素和矿物质，如维生素 A、维生素 C、维生素 K 和钙等。医学角度认为，油菜具有行瘀散血、消肿解毒、破结通肠的功效，其所含的植物激素能增加酶的形成，对致癌物质有吸附排斥作用，有防癌功能。此外，还能促进血液循环，增强肝脏排毒机制，对皮肤疮疖、乳痈也有治疗作用。

芥菜型油菜，也叫高油菜、辣油菜，我国是其发源地之一。它除了有油菜的样子外，还继承了芥菜的血统，植株高大挺拔，分枝繁多，种粒细小，且多为金黄色或暗红色，含油量很高，是制作芥籽油的理想原料，又带有明显的辣味，磨制成粉后便是我们熟知的黄芥末。黄芥末不仅是一种调料，还是一味中药，其含有的亚硫酸盐具有抗菌消炎作用，能有效预防某些细菌和病毒的感染，对外伤和面部口腔炎症也有缓解作用；含有的黄酮类物质具有抗氧化作用，有助于减少身体内自由基的产生，延缓细胞老化；含有的辛辣物质则能够促进胃肠蠕动，加速食物消化，特别适用于脾胃虚弱、食欲不振和胀气等症状。另外，黄芥末还具有开窍效果，能缓解胸口痰液，对寒性咳嗽、哮喘、鼻塞等病症有较好的治疗效果。

甘蓝型油菜，也叫洋油菜，原产于欧洲，20 世纪 40 年代从日本引入我国，主要在长江流域及西南、西北等地种植。株体较大，生育期较长，但种子的产量和含油量较高，可以榨成“菜籽油”，是我国冬季食用油的重要来源。人体对菜籽油的吸收率可以达到 99%，优质菜籽油中含有的棕榈油酸、硬脂酸油酸、亚油酸等成分能很好地被人体吸收，起到软化血管、延缓衰老的作用。菜籽油很容易被人体消化，对脂肪有很强的分解作用，且几乎不含胆固醇，适用于血脂高、肥胖、肝炎、胆囊炎等患者，可以降脂减肥、清肝利胆。

此外，生的菜籽油还能凉血排毒、促进皮肤生长，古人常用它外敷调治风疹、湿疹和各种皮肤瘙痒症。

油菜的烹饪方式有很多。白菜型油菜的食用方法多是炒菜，以蒜瓣爆香，加入切片的香菇和沸水焯烫过的油菜，稍加调味，就是清新爽口的香菇扒油菜；或对香菇和油菜翻炒时加入豆腐，淀粉勾芡，即成油菜烧豆腐；或是换成海米、虾仁，制作成海米香菇油菜，在原有清新爽口的基础上，又增加了海鲜的鲜美。芥菜型油菜很重要的用途就是制作成黄芥末，作为很多菜品必不可少的调料，如芥末白菜墩、芥末鸭掌、芥末拌木耳等。甘蓝型油菜主要是种子榨油，是我国南方做饭必不可少的食用油。

油菜花海

种植芥菜型和甘蓝型油菜主要以采收种子为目的。我国油菜籽产区主要分为长江流域的冬油菜区和东北、西北等地的春油菜区，前者 9 月播种，翌年 5 月收获；后者 4 月播种，9 月收获。种植方式有直播和育苗移栽两种，直播前必须精细整地，育苗移栽则一般在 1—2 月利用塑料中棚、小棚或者阳畦育苗，需提前 5~10d 育苗，成本较高。施肥应适当减少氮肥用量，增施磷、钾、硼肥，有利于冬壮春旺、增加菜籽产量。病虫害防控首先应选用抗病型的品种，进行种子处理，选择合适地块，尽量避免前茬是十字花科类蔬菜，防止蚜虫从其他作物上将病毒带到油菜植株上面。主要病害是菌核病、病毒病和霜霉病，油菜菌核病俗称“白秆”，此病在油菜苗期至成株期都可发生，以开花后为害最为严重，应于发病初期用药剂喷雾。白菜型油菜则通常采用直播，以采收幼苗为主，需选择地势平坦、排灌方便、保水保肥、土壤疏松的地块。

山东省农业科学院蔬菜研究所近年来培育出了不同类型的白菜型油菜。“高青 1 号”是白菜型油菜杂交种，叶色鲜青绿，株型束腰，叶柄肥厚，生长速度快，耐热耐湿，抗病性强，口感细嫩，纤维少，品质好。“高杂 1 号”（泉城翠）是白菜型油菜杂交种，植株生长势强，叶色深绿，无毛，株型直立无束腰，耐寒、耐旱、耐抽薹，耐逆性强，适应性广。

第四节　“蔬菜女王”羽衣甘蓝

“甘蓝翠嫩傲霜寒，羽衣翩翩似牡丹。”甘蓝翠绿鲜嫩，傲立霜寒之中，羽毛般的叶片翩翩轻舞，宛若牡丹般优雅绽放。

甘蓝，因其独特的蓝绿色叶片，也被叫做“蓝菜”，在不同的地域，甘蓝还被叫做卷心菜、包菜、大头菜、椰菜、包包菜等。作为一种非常古老的蔬菜，甘蓝的起源可追溯到欧洲地中海和北海沿岸地区，直到现在，在欧洲贫瘠寒冷的白垩岩荒草滩上，依然能看到野生甘蓝的存在。在距今5 000~4 000年前的古罗马和古希腊时期，人们便已经开始栽培甘蓝，随着时间的推移，逐渐传播到欧洲各国，在 9 世纪时已成为欧洲各国广泛种植的食用蔬菜。至 16 世纪，甘蓝传入北美洲，最终成为全球众多国家，尤其是欧洲与北美地区餐桌上的常见蔬菜。而同样在 16 世纪中叶，甘蓝也从南北两路传入了我国，成为家喻户晓的蔬菜，人们也逐渐发现了甘蓝所蕴含的宝贵营养价值。

甘蓝富含维生素 C，每 100g 中含有约 50mg 的维生素 C，有助于保护身体免受自由基的伤害，提高免疫系统功能。甘蓝也是维生素 K 的优质来源，对于促进血液凝固和维持骨骼健康都至关重要。同时还富含膳食纤维、硒、钾、钙、铁、镁等多种矿物质，全面满足人体的营养需求，有助于促进肠道健康，降低胆固醇水平，保护心脏和免疫系统。甘蓝的药用价值在中医领域也有着悠久的历史和广泛的应用，包括清利湿热、散结止痛、益肾补虚等，对治疗湿热黄疸、消化道溃疡疼痛、关节不利、虚损等病症有一定的功效。甘蓝中所含的植化素如萝卜硫素等具有抗氧化和抗炎作用，可以增强体内酵素系统的解毒能力，有效中和毒素对 DNA 的伤害，从而在癌症、冠状动脉疾病等慢性疾病的预防中发挥重要作用。甘蓝叶中富含的甲硫丁氨酸和维生素 U，能够促进胃黏膜的修复，减轻溃疡引起的疼痛。含有的纤维质还可以延缓饭后血糖的上升，促进血液脂肪的代谢。除此之外，紫甘蓝中还含有丰富的花青素和硫元素，对抵抗衰老、维持肌肤活力及皮肤健康十分有益。它还能减轻关节疼痛以及感冒引起的咽喉疼痛，关节炎患者和易感冒人群在冬春季节应多吃紫甘蓝。紫甘蓝中富含大量叶酸，对预防中风、防止老年痴呆甚至促进胎儿发育都有很好的作用。紫甘蓝中的半胱氨酸和优质蛋白能够协助肝脏排毒解毒，对酒精肝、脂肪肝等肝病有一定的治疗效果，经常应酬的朋友不妨多吃紫甘蓝来养护肝脏。

田间羽衣甘蓝

甘蓝类蔬菜种类繁多，每种都有其独特的特点和用途，根据结球形状可以分为心叶抱合型和花轴分枝型等。心叶抱合型甘蓝，其心叶抱合成球，以叶球作为食用器官，主要包括结球甘蓝（卷心菜）、抱子甘蓝、紫甘蓝等。花轴分枝型甘蓝主要以肥嫩短缩的花枝作为食用部分，主要包括花椰菜、青花菜等。另外还有不结球型甘蓝，主要以叶片作为食用器官，如羽衣甘蓝（园艺变种）、芥（gài）蓝（芥兰）等，还有以球茎作为食用器官的苤（piě）蓝（擘蓝）。我们生活中常见的甘蓝种类就有很多，如结球甘蓝根据其球形的不同又可分为平头形、牛心形、圆形等。平头甘蓝是结球甘蓝家族中较为常见的一

羽衣甘蓝叶

种，它的叶子紧密地包裹在一起，形成一个结实的球体，口感清脆、甜度适中，既可以生吃，可以制作成沙拉，也可以烹饪炒菜、炖汤等。例如，将平头甘蓝切成细丝，与胡萝卜、黄瓜等蔬菜混合，再加上适量的沙拉酱，就是一道清新爽口的蔬菜沙拉。球叶较松散一些的结球甘蓝，通常称为圆心甘蓝，它的味道稍微甜一些，质地更为柔软，适合腌泡菜，烤着吃或者炒菜都不错；特别是制作泡菜，经过腌制的圆心甘蓝的味道更加醇厚，是一道开胃解腻的佳肴。紫甘蓝常常被用来作凉拌菜，切细丝后与蒜蓉、辣椒等调料一起拌匀，使菜肴的颜色变得更加丰富。羽衣甘蓝常制作成沙拉，还可以被加工成各种保健产品，如羽衣甘蓝粉、羽衣甘蓝饮品等。

羽衣甘蓝沙拉

甘蓝对土壤适应性较强，但最好选择土层深厚、排水良好、富含有机质的土壤，种植前充分翻耕土地，去除杂草，施足底肥。播种一般选择在春季或秋季，需要进行种子处理提高发芽率，采用苗床育苗或穴盘育苗。出苗后，白天温度保持在20~25℃，夜间温度不低于10℃，剔除弱苗、病虫苗、杂苗，日常浇水见干见湿。秧苗长至6~8片真叶，棚内低温稳定在5℃以上时定植，定植后，环境温度宜控制在15~28℃，土壤见干见湿，合理追施氮肥、磷肥和钾肥等。结球甘蓝叶球达到商品成熟时，即可分批采收上市，而羽衣甘蓝在定植后30d左右为最佳采收时期。

第五节　群英荟萃　萝卜开会

南宋诗人方岳在《春盘》一诗中写道："莱菔根松缕冰玉，蒌蒿苗肥点寒绿。"萝卜洁白清透，如同丝丝缕缕的冰玉，清冽而甘甜。

莱菔即为萝卜，又名芦菔，是我国乃至世界范围内都十分重要的根菜类蔬菜作物，其起源至今仍众说纷纭，未有定论。一种观点推测，我国北方可能是萝卜的发源地，因为该地区萝卜品种最为丰富；另一种观点则认为其发源地是地中海东部等欧亚温暖地域，理由是在这些地方发现了萝卜的野生种。时至今日，两种说法仍未达成一致，因此萝卜很可能是一种多起源的植物。但目前我们在国内常见的萝卜品种，均源自我国本土，彰显了我国萝卜种植的悠久历史和独特地位。最早在2 700多年前的《诗经·小雅·信南山》里记载："中田有庐，疆埸有瓜。是剥是菹，献之皇祖。"此处的"庐"，即为萝卜的古称。《诗经·邶风·谷风》篇也有"采葑采菲，无以下体"之句，其中的"菲"，也被广泛认为是萝卜在古代的一种称呼。西汉时期，著名辞赋家、思想家扬雄，在其著作《方言》中，对萝卜的称呼进行了更为详尽的阐述："蘴、荛，芜菁也，……其紫华者谓之芦菔。""芦菔"一词，明确作为萝卜的古称被记录下来。明代医药学家李时珍所著的《本草纲目》中详细记录了萝卜的名称变迁："莱菔乃根名，上古谓之芦葩，中古转为莱菔，后世讹为萝卜……"，以及对萝卜的气味、食用方式、药用价值等都进行了深入细致的阐述。据传，在明朝时期，百姓便把萝卜煮熟捣碎成泥，制作成砖块形状的"萝卜砖"，堆砌成墙，一旦遭遇饥荒或战乱，这些"萝卜砖"可以煮成萝卜粥果腹，既作为防御工事，又巧妙地储备了食物。抗美援朝时期，从天津、北京、河北等地紧急调运的萝卜，充饥又解渴，解决了物资匮乏、水源紧张的大问题，帮助战士们赢得了一场场艰苦卓绝的胜利。萝卜以其易运输、耐储存的特点成了保障民众生活需求的“明星”食材。

萝卜之所以能屡次成为危急时刻的“英雄”，不仅因为其产量高、易于栽培，更在于其丰富营养与药用价值。有着“小人参”美称的萝卜，不仅富含碳水化合物、蛋白质、纤维素、维生素 C 和钙，还含有维生素 A、维生素 K 以及硒、锰、锌、铜等多种微量元素；每 100g 萝卜中维生素 C 含量约 30mg，是苹果、梨等水果的 5~10 倍。萝卜还有着非常高的药用价值，中医记载，萝卜性寒味辛甘，具有健胃消食、宽中下气、定喘醒酒、止咳化痰、清热解毒等多重功效，其含有的异硫氰酸酯类物质、粗纤维、淀粉酶等能够有效促进肠胃蠕动、助消化通气，并且具备杀菌消炎、防癌抗癌的功效。不仅如此，萝卜全身皆是宝，其叶（莱菔缨）、种子（莱菔子）、老根（地骷髅）等在中医均有广泛应用，所以有了这句俗语“吃着萝卜喝热茶，气的大夫满街爬”。

田间萝卜

不同的萝卜品种

我国幅员辽阔，地跨5个气候带，萝卜基本上覆盖了全国的各个区域。但概括来说，北方萝卜类型多样，食用方法也多样，以生食居多；而南方基本都是以白萝卜熟食。这其中不乏一些经过劳动人民千百年的培育脱颖而出的佼佼者，成为优良的地方品种。例如，潍县萝卜又称潍县青、高脚青，因原产于山东潍县而得名，是国家地理标志产品，更是有“烟台苹果莱阳梨，不如潍县萝卜皮”的美誉，肉质翠绿紧密，生食脆甜多汁，香味浓郁。沙窝萝卜也叫沙窝青，是天津的地方品种，肉色翠绿，脆嫩多汁，辣味轻。北京绿皮红肉的心里美萝卜，肉色紫红色，肉质紧密，以生食为主。徐州大红袍，江苏优良地方品种，肉质根卵圆形，红皮白肉，适宜熟食。短叶十三，广东优良品种，肉质根长圆柱形，皮肉均为雪白色，皮薄。

萝卜最有代表性的做法要数腌制萝卜干咸菜了，有晒干后腌制加工的，也有加盐杀出水分再调拌的，如五香萝卜干、红油萝卜干、下饭萝卜丝等十余种。此外，鲜萝卜也可以加工成咸菜，如爽脆萝卜片、萝卜泡菜等。萝卜做成熟食也是非常美味，外酥里嫩的炸萝卜丸、清爽可口的萝卜汤、美味健康的清炒萝卜丝都深受大众喜爱。当然，萝卜碰上肉那更是绝配，萝卜炖排骨、萝卜炖老鸭、萝卜炖牛腩，每一道都让人赞不绝口。萝卜不仅能做主菜、配菜，还能制作成糕点，萝卜糕就是一种传统的中式糕点，在福建、广东等地区十分受欢迎，价格实惠，好吃又营养。萝卜的烹饪方法如此繁多，自然少不了对古人的传承，其中比较有名的要数大文豪苏轼的东坡羹。苏轼晚年在儋州时生活贫困，他利用蔬菜翻新花样，以萝卜等食材创制了蔬菜羹，叫作“东坡羹”，品尝后的苏轼心情愉悦，创作了《菜羹赋》来表达自己内心的感受。后来，苏

萝卜美食

轼北上经过韶州，韶州太守煮了一碗蔓菁芦菔羹招待他，勾起了他多年前的回忆，于是写下《狄韶州煮蔓菁芦菔羹》一诗，流传至今。

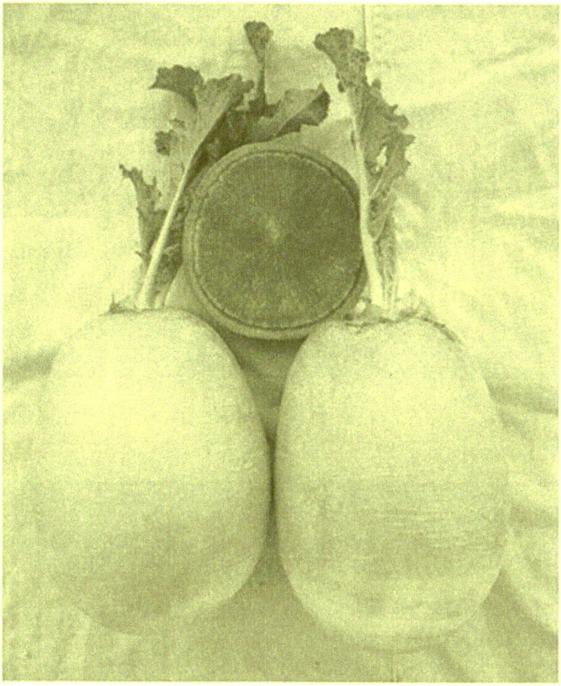

圣萝艳玉

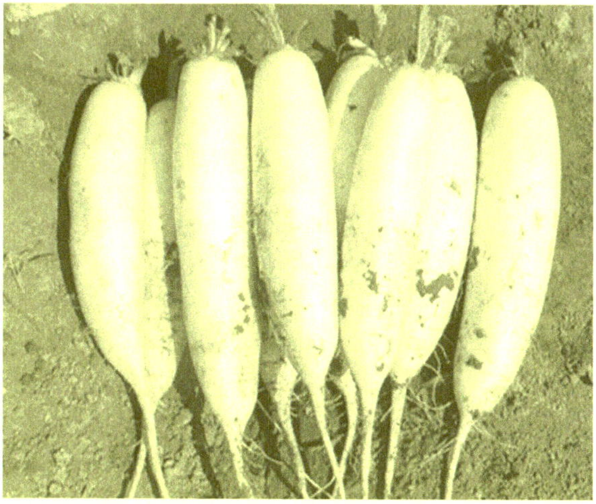

圣萝白玉

圣萝东玉

圣萝碧玉

想要种出好吃的萝卜，土壤肥沃是关键，要施足有机肥，其中最好的有机肥是豆粕。山东地区在 8 月 25 日前后播种，穴播，待出苗后，及时间苗。在长至 5~6 片真叶时定苗，每穴只留 1 株壮苗，浇水遵循“先控后促”，定苗后和肉质根膨大初期各追肥 1 次。病虫害以预防为主，注意防治地下害虫、蚜虫、病毒病、霜霉病。萝卜叶片颜色由绿转淡、肉质根不再明显膨大时即可采收。

山东省农业科学院蔬菜研究所自 20 世纪 60 年代开始萝卜新品种培育工

圣萝系列品种

作，先后选育出了“济杂”系列、“鲁萝卜”系列和“天正”系列品种，既高产又抗病，满足了当时的市场需求，推动了产业发展。近年来，随着人们生活水平的提高，对萝卜的口感和外观提出了新的要求，又培育出“圣萝”系列品种，以满足不同的消费需求。“圣萝东玉”是中小型水果萝卜品种，肉质根圆柱形，绿皮绿肉，单根重约400g，口感佳。“圣萝碧玉”也是绿皮绿肉的水果萝卜品种，单根重500g以上，肉质根粗圆柱形，口感佳，耐储藏。“圣萝翠玉”同样是绿皮绿肉的水果萝卜品种，单根重700g以上。这3个品种可以算是大、中、小3种不同的类型，“圣萝东玉”可以供单身贵族独享，“圣萝碧玉”可以两人共享，一家三口可以分享“圣萝翠玉”。此外，还有“圣萝红玉”，红皮白肉的萝卜品种，单根重600g以上，皮色鲜红，肉质纯白，耐储藏，生熟食兼用。“圣萝艳玉”是绿皮红肉的心里美萝卜品种，单根重约500g，口感佳，不易裂根，耐储运。还有紫皮紫肉的“圣萝紫玉”，是国内率先育成的紫皮紫肉类型的萝卜新品种，花青素含量高，品质非常好。

第六节 顶起我国咸菜半边天

明代钟芳在《画菜四幅为冼罗江卿题（其一）芥菜》中写道：“雪重玻璃捲，苍然色不渝。”雪花纷飞，重重叠叠地覆盖着大地，一片银白中，芥菜依然苍翠不减，傲然挺立。

芥菜是人类最早驯化的植物之一，关于芥菜究竟起源于何方，在学术界还一直没有定论。直到2021年，湖南农业大学对来自38个国家的480个芥菜种质重新进行了测序，重建了芥菜的起源和驯化历史，发现芥菜可能起源于14 000~8 000年前的西亚，经过不断的演化和传播，繁衍出了如今形态各异的芥菜大家族。芥菜在我国栽培食用的历史已有2 000多年，在我国古代常简称“芥”或“介”，最早有文字记载的历史文献是《诗经》，其中的“葑”可能就包括芥菜。《礼记·内则》中记载：“脍，春用葱，秋用芥。”就是说为掩盖肉食类的腥气，在煮时春天要加葱，秋天加芥，说明在周朝人们已开始用芥菜籽做成酱来调味。到北魏时期除了“籽类”外，食用品种似乎已经出现“叶芥”，当时被称为“蜀芥”。到了宋朝，薹用芥菜的出现进一步丰富了芥菜的种类，满足了人们多样化的饮食需求。明清时期，根用芥菜和茎用芥菜相继出现，其中，雪里蕻亦称“春不老”，在江浙一带及华北平原得到了广泛的栽培，人们喜欢将其腌制成雪菜，这一独特的风味颇受当时民众的喜爱。明末清初的文人李邺嗣曾赞芥菜“纵然金菜琅蔬好，不及我乡雪里蕻。”芥菜在明清时期的长江流域，不仅是秋冬季节里广泛种植、用以丰富和调剂口味的小菜，更在朝代更迭、社会动荡之时，成了弥补食物短缺、救荒度难的重要蔬菜。

在我国南方传统里，有“二月二吃芥菜炒饭”的习俗，在台湾地区，芥菜更是被誉为“长寿菜”。芥菜之所以能赢得人们的喜爱，得益于它丰富的营养价值，它含有丰富的维生素、蛋白质、膳食纤维、硫代葡萄糖苷和矿物质。芥菜中还含有较多的类黄酮物质，具有较强的抗氧化能力；丰富的维生素，能激发大脑对氧的利用，提神醒脑，缓解疲劳。此外，芥菜中还含有大量谷氨酸，这是味精的鲜味成分，所以使芥菜非常的鲜美可口。腌制后的芥菜具有特殊的鲜味和香味，吃后可以开胃，有促进胃、肠消化的功能。《诗经》中记载“谁谓荼苦，其甘如芥”，认为芥菜可以“利五脏”“利肝气”“明目”，是祛风散寒、温中利气的佳品，尤其适宜于田间劳作的农民，帮助他们抵御风寒、预防寒症，因此芥菜也被称为“护生草”。

雪里蕻、榨菜、大头菜、芥菜疙瘩、棒菜、儿菜、排菜、天菜，看到这些花样繁多的菜名，大部分人熟悉的只有前几种，尤其对北方人来说，后面的几种恐怕都没听说过，傻傻分不清，其实它们可都是芥菜出身。芥菜是黑芥和白菜杂交后的产物，由于生长地域和环境不同，经过长期选择，形成了今天形态迥异的庞大芥菜家族。尤其是我国，地域广阔，芥菜生长的区域环境差异大，经过2 000多年的变异和人工选择，成为世界上芥菜类型和品种资源最丰富的国家。芥菜根据食用部位分为叶用、根用、茎用、薹用、籽用和芽用芥菜6个

芥菜

变种。叶用芥菜主要食用叶部，简称叶芥菜、叶芥、芥菜或花边，可炒、煮或腌渍加工，酸菜和梅干菜就是叶用芥菜加工而来。根用芥菜主要食用肥大肉质根，又称大头菜、大头芥，辣味较重，不宜鲜食，主要用来加工腌酱菜，最具代表性的为北方的玫瑰大头菜、五香疙瘩头等。茎用芥菜主要食用瘤状的肉质茎，有榨菜、棒菜和儿菜三类，最有名的代表就是涪陵榨菜了。薹用芥菜主要食用肥嫩的花薹，如“宁波天菜”。籽用芥菜主要用来榨油，也可以磨碎成粉末，用来作为作料。芽用芥菜主要用作芽苗菜，食用部位为嫩叶。

芥菜在我国南、北方很多地区都是作为咸菜的主要原料，可以腌制出美味下饭的疙瘩头咸菜、榨菜丝、榨菜片等。在南方，它又是冬日里不可或缺的青翠时蔬，甚至还是南方一些地区过年时餐桌上的吉祥菜。在云南地区的大年三十，当地人会用猪骨、鸡架等熬煮的高汤来煮本地芥菜，寓意“常吃常有”。在江浙一带，过年时当地人会把芥菜同油豆腐一起炒，名曰“芥芥油”，表达着人们对来年美好的期盼。台湾、闽南地区，芥菜又被称为“长寿菜”，寓意长久长寿，因此在春节许多家庭的聚会餐桌上都会闪亮登场。当然，在北方也有例外，河北保定的雪里蕻，因为由冬到春依然翠绿不减，保持鲜嫩，而被人们称为“春不老”。每年冬末初春，“春不老”便现身市场、餐厅，还有寻常人家的餐桌上，凉拌、清炒、炖煮、腌制……无论如何加工，它都是保定人每

咸菜酱

年不愿舍弃的应季美味。

芥菜是一种喜温、耐寒的蔬菜，适合春秋播种，最佳温度在15~25℃，播种时间需要根据品种和地区调整，避免过高或过低温度影响生长。播种前选择肥沃土壤，施足底肥，整平浇水，采用撒播方式，盖上稻草或遮阳网，以保持土壤湿润和防止日晒。在幼苗长出真叶后，去除覆盖物，及时间苗。芥菜喜湿但忌过湿，否则会导致根部腐烂或者病害发生，一般在播种、发芽、移栽、开花等关键时期要及时浇水，并随浇水施肥。芥菜常见的病虫害有芥菜黑腐病、芥菜白粉病、芥菜花叶病、芥菜跳甲、芥菜蚜虫、芥菜蝴蝶等，首选物理防治或者生物防治，避免使用化学防治或者过量使用农药。当芥菜长到一定大小后，可以根据需要进行采收，采收时，应保留部分根系和叶片，以保护芥菜的品质和营养价值。

第二章

华彩茄果秀——蔬菜中的风味明珠

第一节 番茄更爱哪一款

“结对番茄秀色红，韶晖觐献赤朱丛。”红润的番茄结对挂满枝头，阳光下更显鲜艳，如同赤朱色的丛林，向人们展示它们的美丽与丰盈。

番茄，俗称西红柿、洋柿子，起源于南美洲西部的太平洋沿岸，秘鲁、厄瓜多尔、玻利维亚、智利等国的高原或谷地。随着印第安人的迁徙，番茄的种子跨越了大陆，传到了北美南部的墨西哥。16 世纪，欧洲航海家将番茄从墨西哥带回到他们的故乡，将其引入到地中海沿岸的意大利、西班牙、葡萄牙、英国、法国等国种植。然而，因番茄果实色彩鲜艳，人们误以为有毒，加之植株特有的气味与果实的高酸度，被欧洲人冷落了一个多世纪之久，只得作为观赏植物和药用植物。直到 18 世纪中叶，有人偶然间发现，将番茄果实配以胡椒、盐、油等调味品调制后，不仅味道鲜美，而且营养丰富，长期食用更能强身健体，精力充沛，犹如狼一般健壮，于是赋予其“狼桃”的美名。此外，番茄也常被作为爱情的象征，情人间相互赠送，因此又得名“爱的苹果”。明朝万历年间，番茄传入我国，最初，它同样被当作观赏植物，称为“西番柿”或“蕃柿”。农学家王象晋所著的《广群芳谱》中即有番茄的记载：“番柿，一名六月柿，茎似蒿，高四、五尺，叶似艾，花似榴，一枝结五实或三、四实，一树二、三十实……草本也，来自西番，故名。”自此以后，番茄在我国的栽培品种经历了多次改良与创新，如今其栽培面积已跃居常年性菜地的 10%~20%，成为最主要的蔬菜种类之一。

番茄不仅因美味可口、价格亲民深受大众喜爱，更因其丰富的营养价值和药用价值，成为健康饮食的代名词。番茄果实中富含人体所必需的多种矿质元素，如钙、磷、钾、钠、镁等，每日食用 100~150g 新鲜番茄，就能满足人体对维生素和矿物质的基本需要。番茄还含有丰富的胡萝卜素和番茄红素，番茄红素具有较强的抗氧化能力，不仅能够抗衰老，还具有一定的防癌抗癌功效。此外，番茄中的类黄酮，对于增强血管壁弹性、预防血管硬化及抑制血栓形成具有一定的作用；维生素 C 和果酸，有助于降低血胆固醇；碱性矿物质，则能够促进血液中钠盐排出体外，有降压利尿的作用，对高血压和肾脏病有良好的辅助治疗作用。

走进番茄的世界，你会发现，原来番茄不是我们餐桌上常见的那样简单，它们大致可以分为两大类：加工番茄和鲜食番茄。加工番茄，是番茄界中的“实用派”。这类番茄的特点是矮化自封顶，植株不高，果实多为椭圆形，比普通栽培番茄小一些（通常重30~120g），但果皮更厚，耐储藏运输，主要用于加工各种调味品及提取功能性物质，我们常吃的番茄酱、番茄粉，还有提取出来的番茄红素等，都是由加工番茄制作而成的。鲜食番茄，可以说是番茄界的“颜值担当”了，不仅颜色多样，而且形态多样，可以细分为普通番茄、口感番茄与樱桃番茄3种类型。我们平时炒菜、凉拌用的番茄就是普通番茄；口感番茄，比较适合生吃，味道浓郁、酸甜可口，一口咬下去，满满都是小时候的味道；樱桃番茄就是小番茄，也叫圣女果，有红、绿、粉、黄、橙、紫、白等多种颜色，以其小巧玲珑的形态和多彩的外观深受喜爱。这些五颜六色的番茄，其实是因为它们身体里藏着不同的色

鲜食番茄

加工番茄

素，如绿色的叶绿素、红色的番茄红素，还有黄色的类胡萝卜素等，组合在一起，就让番茄变得多姿多彩了。

番茄，这酸甜可口的味道很少有人会拒绝。还记得小时候餐桌上那道酸酸甜甜的“糖拌西红柿”吗？一口咬下去，饱满的汁水瞬间在嘴里满溢开来，那是属于夏天的味道，也是童年的记忆。番茄炒蛋也是我们百吃不厌的经典家常菜，鲜嫩滑爽、酸甜适中的口感，让人回味无穷，许多新手小白开启美食世界的第一课都是番茄炒蛋。还有鲜美的番茄虾滑煲，醇香的番茄炖牛腩，简单美味的番茄肥牛饭，滋补养颜的番茄排骨汤，番茄都能以其独特的酸甜口感，为这些菜肴增添别样的风味。经过加工后的番茄，如番茄酱和番茄沙司，更是厨房中不可或缺的调味品。番茄酱以成熟红番茄为主要原料，经过浓缩加工制作而成，其浓郁的番茄香味能为各种菜肴增添独特的风味；而番茄沙司则在番茄酱的基础上加入了糖、醋、盐等调料，更适合直接作为蘸料食用，与薯条、鸡块等美食完美搭配。

口感番茄

想要种出口感好的番茄，要采用科学的种植方法。首先要重施有机肥，还要水肥一体化平衡；利用雄蜂授粉，合理调整植株，注意疏花疏果；保障环境条件，调控昼夜温差；严格采收期管理，追求自然成熟。黄淮海地区春茬栽培，日光温室可在 1 月育苗，2 月中旬定植，6 月底 7 月初拉秧；大拱棚则 2 月育苗，3 月中下旬定植，6 月底 7 月上旬拉秧；暖棚可进行长季节越冬栽培，8 月上中旬播种，9 月上中旬定植，12 月中下旬开始采收，翌年 5—6 月拉秧。播种前，种子需要消毒催芽，育苗用营养土或基质，播种后盖膜保湿，出苗后及时揭掉。冬季育苗注意保温，最低温度不应低于 13℃。

小番茄

5~6片真叶时定植，施足底肥，选晴天移栽，及时浇水，春茬定植时要使用地虫净杀虫，避免幼苗遭受虫害。根据生产需要确定打顶时间，生育后期增施磷钾肥、硼肥、钙肥，提高品质，防止脐腐病，高温季节注意防治病毒病，适时采收。

随着人们生活品质的提升，口感番茄日益受到追捧，与一般番茄品种相比，具有味道浓郁、酸甜可口等特点，品质更为优异。山东省农业科学院蔬菜研究所近年来针对这一方向，选育了系列口感番茄新品种。“品番56FE”是中小果型的口感番茄品种，成熟果深粉色，平均单果重60~100 g，可溶性固形物含量8.0%以上，果肉香脆，果汁丰富，酸甜可口，特别适合生食，果实硬度好，耐储运。“品番4031”是中大果型的口感番茄品种，成熟果深粉色，平均单果重120~150g，果实酸甜可口，果汁丰富，可溶性固形物含量7.0%以上，既可当水果生食，又可做菜烹饪。

第二节　比肉还好吃的茄子

明代曹义在《茄》一诗中写道：“本草名传是落苏，个中滋味胜膻腴。”郁郁葱葱的田园中，落苏已吸吮天地精华，经巧手烹制成为盘中美味，口感细腻，韵味独特，仿佛山间清泉，超越了世间那些肥美膻香的肉食，只留对自然之味的回味与赞叹。

茄子的起源地，众说纷纭，大部分认为茄子源自亚洲西南部的热带地区，或是印度东北部、我国西南部、孟加拉国、缅甸、老挝等地，但具体国度未有定论。茄子的野生种果实小且味苦，经过长期栽培驯化后，风味才得以改善，果实也逐渐变大。中世纪传到非洲，13 世纪传入欧洲，直到 16 世纪才真正传播开来，后又传入美洲，18 世纪由我国传入日本。在我国，茄子的存在与变迁在古籍中留下了丰富的记载，西汉宣帝神爵三年（公元前 59 年），王褒在《僮约》中首提茄子，与瓜瓠、葱蒜并列田间："种瓜作瓠，别茄披葱"。汉成帝时期，扬雄在《蜀都赋》中描绘四川成都的繁华，亦不乏茄子的身影"盛冬育笋，旧菜增伽"，彼时，茄子被唤作"伽"。至隋炀帝时，更名为"昆仑紫瓜"，唐代则普遍称其为"落苏"，此外，还有茄瓜、茄房、茄包、紫膨脝、六蔬、草鳖甲等别名。在南北朝之前，茄子尚小巧如弹丸，圆润可爱，不及乒乓球大小，随着时间的推移，人们学会了选育良种，挑选个大味美的茄子留下，代代相传，不断优化品种。唐宋之际，茄子的体型逐渐增大，色彩也日益丰富，从高贵的紫色，到纯洁的白色，再到清新的青色，应有尽有。元明时期，王祯在《农书》中记载："茄视他菜为最耐久，供膳之馀，糟盐豉腊，无不宜者。须广种之。"茄子开始大量种植，品种更是得到了进一步的丰富与发展，长形茄子被成功培育出来，并在清朝末年被引入日本。如今，茄子在我国栽培面积广泛，品种繁多，成了人们日常饮食中的重要组成部分。

田间茄子

茄子具有很高的营养价值，富含膳食纤维，能够有效促进肠道蠕动，维护肠道健康。茄子中有丰富的维生素，特别是维生素 P，每 100g 茄子中高达 750mg，有助于增强血管壁弹性，维护心血管健康。同时，其丰富的维生素 C、维生素 E 及类黄酮、花青素等抗氧化物质，能有效清除自由基，减缓细胞老

大棚茄子

化，预防慢性疾病。除了维生素、矿物质这些基本营养成分外，茄子还含有胆碱、龙葵碱、皂草甙等生物碱，对人体健康同样大有裨益。中医先辈们也发现了茄子的药用价值，根据《滇南本草》《本草拾遗》《证类本草》等医学古籍中记载，茄子本性凉寒而无毒，具有除劳气、治瘫痪、治胀气、治冻疮、消肿等多重功效，有“散血止痛，消肿宽肠”的作用，其果实、植株的根、茎、叶、花皆可入药。

在《本草纲目》中，李时珍将茄子大致分为紫、青、白 3 种颜色，而实际上，茄子家族枝繁叶茂，种类繁多。单单从颜色上，就有紫黑、紫色、紫红色、绿色、白色、条纹色（紫绿相间、紫白相间）等多种类型。形状上，茄子也是千姿百态，有圆润可爱的圆形，植株通常较为高大，特别适应我国北方栽培；有卵圆形，植株相对矮小，果实小巧，多为早熟品种，北方有少

线茄

圆茄

长茄

量种植；还有修长挺拔的长棒形、长条形，更有纤细苗条的线形茄子。除了这些基本的分类外，茄子还可以根据颜色和形状进行更细致的划分，如紫圆茄、紫黑长茄、绿把长茄、白茄子以及条纹茄子等，每种都以其独特的外观和口感，满足了人们不同的烹饪需求和口味偏好。此外，各地还有许多具有地方特色的茄子品种，如广东的盐步秋茄、浙江平湖的平湖小茄、四川的竹丝茄和墨茄等。

说起用茄子制作的菜肴，不得不提的是家喻户晓的鱼香茄子，茄子条经过油炸，外皮微酥内里软糯，再搭配上由蒜末、姜末、辣椒和特制酱汁调制而成的鱼香汁，酸甜辣咸四味俱全，是许多人心中的“下饭神器”。茄子煲，则是另一番风味，茄子与五花肉片或鲜美的虾仁一同小火慢炖，茄子的清甜与肉类的醇厚相互渗透、汤汁浓稠，茄子软而不烂。还有炸茄盒，外酥里嫩，是宴客时的佳选；烤茄子，表皮微焦，内里绵软，算得上是烧烤聚会上的必选菜品。

白茄子

绿把茄子

条纹茄子

除了热菜外，茄子还可以凉拌食用，如蒜泥茄子，简单却别有风味，茄子蒸熟后撕成条状，淋上由蒜泥、醋、酱油、香油等调制的酱汁，清新爽口，是夏日里颇受欢迎的菜肴。不管是炖煮、油炸还是凉拌，总有一种做法能让人吃得津津有味。

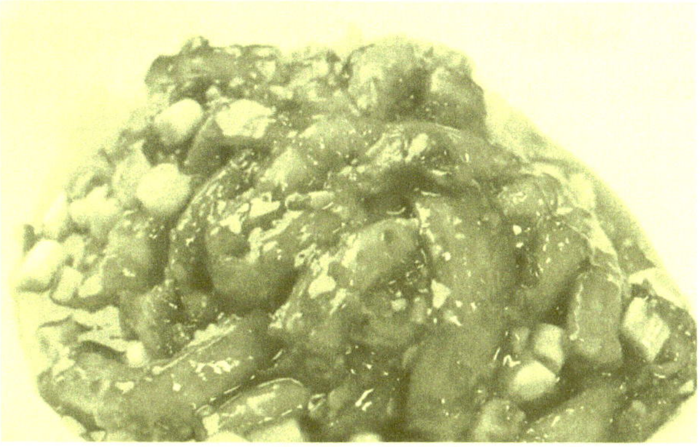

鱼香茄子

凉拌茄子

茄子需要育苗移栽，种子消毒处理后进行催芽，种子露白后播种于 21 孔育苗穴盘中，注意防控苗期病害。幼苗长至 6 叶 1 心时进行定植，起垄或平畦栽培，保护地栽培双秆整枝，露地栽培不需要整枝打杈，让茄子自然生长。门茄及时采收，并及时追肥。茄子需水较多，浇水尽量选择在早晨或傍晚，幼果直径达到 3~4cm 时，应注意及时浇水，此时生长最快，需水也最多。除了基肥外，茄子可在定植缓苗后，随水施入氮、磷复合肥，生长中后期，植株老化，肥料吸收能力下降，此时可喷施一次叶面肥。

山东省农业科学院蔬菜研究所先后选育出“珈玉紫薇”“珈玉紫庆”“珈紫狼牙棒”“珈紫小黑胖”等品种。“珈玉紫薇”杂交一代早熟品种，果实棒形，长28~30cm，直径8~10cm，萼片绿色，果皮紫黑油亮，果肉黄绿色，松软适中，适合做烧烤茄、红烧茄及茄盒等。“珈紫狼牙棒”杂交一代早熟品种，果实长棒形，长35~38cm，直径7cm，萼片紫色，果皮紫黑油亮，果肉黄绿色，松软适中。“珈紫小黑胖”杂交一代中晚熟品种，果实粗棒形，长25~28cm，直径7~9cm，萼片紫色，果皮紫黑油亮，果肉黄绿色，松软适中。

第三节　辣椒的前世今生

唐代诗人白居易在《红椒花》一诗中写道：“红椒花，何异蝉噪声。”辣椒鲜红似火、鲜美可口、辣味浓郁，像夏日里清脆响亮的蝉鸣般热烈而持久。

人类与辣椒的故事从公元前7000年的美索亚美利加开始，辣椒最早被南美洲人驯化和栽培，15世纪大航海时代，哥伦布踏上了美洲新大陆，把辣椒的种子带回了欧洲。自此，辣椒开始走出美洲，走向了欧洲地中海，后又通过丝绸之路和马六甲海峡传入了我国。在我国，辣椒最早出现在明代文人高濂所著的《遵生八笺》中：“番椒丛生，白花，果俨似秃笔头，味辣色红，甚可观”。可见，辣椒刚进入我国的时候是作为观赏植物栽培的，后来有大夫发现辣椒味辛性热，能发汗解表，对于风寒感冒、恶寒无汗、脾胃虚寒、寒湿郁滞等病症有显著疗效，于是，辣椒被列入了药材行列。而现存最早关于食用辣椒的记载是康熙六十年（1721年）的贵州《思州府志》：“海椒，俗名辣火，土苗用以代盐。”贵州作为南方地区最缺盐的省份，辣椒成为代替盐的无奈之选，完成了从外来新物种到融入我国饮食中调味副食的过程。道光年间，《遵义府志》中记载：“居人顿顿之食每物必番椒，贪者食无他蔬菜，碟番椒呼呼而饱。园蔬要品，每味不离，盐酒渍之，可食终岁。”尤其在四川、湖南、广东等地，辣椒逐渐成为当地菜肴的重要调味品，如四川的麻辣火锅、湖南的剁椒鱼头、广东的椒盐虾等，皆以辣味著称。

辣椒不仅在美食界成了不可或缺的调料，丰富了人们的餐饮文化，还富含多元营养，有丰富的维生素、蛋白质、胡萝卜素、矿物质、膳食纤维、辣椒素等营养成分，兼备药用价值，在医药界也展现了一定的价值。每100g新鲜红

田间辣椒

辣椒中的维生素 C 含量可达到 144mg，对于提高免疫力、促进铁的吸收和保护细胞免受自由基损伤具有重要作用。辣椒中的 β-胡萝卜素能够转化为维生素

A，这是一种对视力保健有益的营养素，有助于维持眼睛和皮肤的健康，预防夜盲症等眼部疾病。此外，辣椒还富含膳食纤维，能有效刺激肠道蠕动，防止便秘，并维护消化系统的健康。辣椒中的辣椒素，是一种天然抗氧化剂，能够中和体内的自由基，减少氧化损伤，对于预防心血管疾病、癌症等慢性疾病具有积极的作用；辣椒素还具有镇痛作用，能够刺激神经末梢，掩盖疼痛感觉，因此常被用于制作外用镇痛贴膏。中医认为辣椒是一种温性食材，具有健胃消食的功效，适量地食用辣椒，可以有效激发口腔与肠胃的活力，促使消化液分泌增多，不仅能够增强食欲，还能促进肠胃蠕动，缓解消化不良、胃痛等症状；尤其对于那些因脾胃虚寒而引发的胃痛、食欲不振等问题，辣椒温中散寒的特性更是能够发挥一定的调理作用。

辣椒的种类繁多，从极辣到微辣，从鲜食到干制，再到调味，每种都有其独特的味道和用途。从形态上看，有果实小巧如樱桃的樱桃类辣椒，颜色多样，辣味十足，既可作为干辣椒使用，也可以用来观赏。圆锥椒，形如小圆锥或小圆筒，往上生长，味道很辣，我们熟知的小米椒、子弹头辣椒就是其中的代表。簇生椒，果实是一簇簇地长在一起的，它们通常颜色深红，果肉比较薄，但是辣味浓烈，油分也很高，多用来做干辣椒。长椒，形状就像它的名字一样，长长的，微微弯曲，像牛角或者羊角，果肉薄的辛辣味较浓，肉厚的辛辣味适中，二荆条辣椒、秦椒、线椒和牛角椒都是长椒家族的成员。甜柿椒，果实比较大，味道微甜或者微辣，彩椒就是甜柿椒的一种，颜色鲜艳，口感好，非常适合生吃或者凉拌。朝天椒，果实小，形状像手指，直立向上生长，它们的顶部尖尖的，弯曲成“J”形，辣味非常强烈，七星椒、小米椒和野山椒都是朝天椒的代表。

朝天椒

甜柿椒

辣椒的辣度也是各不相同，有的辣得让人流泪，有的甚至带一丝甜味。极辣型的辣椒，如印度魔鬼椒和卡罗来纳死神辣椒，辣度惊人，须谨慎使用。强辣型的辣椒，如七星椒、小米椒和野山椒，辣味浓郁，适合喜欢挑战辣味的人。中辣型的辣椒，如二荆条和子弹头辣椒，辣度适中，大多数人都能接受。而微辣型的辣椒，如甜柿椒和灯笼椒，辣味轻微，甚至带有甜味，适合不喜欢太辣的人品尝。

尽管人们对食材的偏好各不相同，但辣椒那股热烈鲜明的辣味总能激发起许多人的食欲，每个人都曾有过与辣椒不期而遇的经历，那份初尝时略带刺痛却又欲罢不能的感觉，让人难忘。以经典菜肴辣椒炒肉为例，鲜嫩的肉片与辣椒的热烈相遇，辣而不燥，香而不腻，展现出了辣椒提升食材风味的独特魅力。香辣诱人的辣椒炒海鲜，如辣椒炒虾球、辣炒花甲，海鲜的鲜甜与辣椒的热烈相互衬托，美味升级。在川菜中，辣椒是不可或缺的灵魂，麻辣鲜香的宫保鸡丁，辣中带甜、甜中透酸。水煮鱼，在辣椒与花椒的双重刺激下，鱼肉的鲜嫩被完美衬托，又成就了一道令人垂涎的经典之作。以新鲜辣椒为主要原料制成的辣椒酱，辣中带香，无论是拌面、炒菜还是作为蘸料，都能瞬间提升食材的风味层次。辣椒油，红亮诱人、香辣扑鼻，成为众多凉菜和面食的点睛之笔，只需几滴，便能让人食欲大增，回味无穷。

螺丝椒

辣椒种植应选择土壤肥沃、排水良好的地块，山东地区由于气候条件适宜，可以选择露地栽培或大棚栽培，种植前深耕细作，施肥建议有机肥和复合肥搭配使用。播种时间依气候条件而定，日光温室 11 月中下旬播种，翌年 1 月底定植，3 月上中旬收获；春大棚 12 月中下旬播种，翌年 3 月上中旬定植，5 月上旬收获。播种前需要将种子进行浸种处理，保持适宜的播种密度，一般为每亩 2～3kg。播种后，及时浇水并覆盖地膜，保持土壤湿润但不过湿。施肥依据生长阶段及养分需求，幼苗期施氮肥，开花结果期增施磷钾肥。果实成熟后可进行采收，储存时，要保持适宜的温度和湿度，防止辣椒受潮或发霉。

第四节　制造快乐的马铃薯

明代诗人徐渭曾在《土豆》一诗中写道：“榛实软不及，菰根旨定雌。”

看似平凡的土豆，软糯细腻，美味非凡，连香甜的榛果和爽脆的茭白也相形见绌。

马铃薯作为茄科大家庭中的一员，跟日常生活中常见的番茄、茄子、辣椒等蔬菜都是沾亲带故的亲戚。马铃薯起源于南美洲安第斯山脉地区，包括现今的哥伦比亚、秘鲁、玻利维亚、乌拉圭等地，向北延伸至中美洲及墨西哥中部地区也有野生种的分布。马铃薯有着悠久的食用和栽培历史，8 000~10 000年前，生活在海拔3 800m喀喀湖地区（现秘鲁和玻利维亚两国交界）的古印第安人，便已经开始食用马铃薯了，并逐步开始人工驯化、种植与品种改良。至今，安第斯山区仍存在上百种古印第安人驯化的马铃薯品种和大量的野生种。16 世纪，随着西班牙征服者的脚步，马铃薯开始在欧洲传播开来，初入欧洲时因文化差异被视为落后的象征，且因其含有的龙葵碱毒素易致中毒，加之切开后易氧化发黑的特性，导致它被错误地与多种疾病相联系，从而长期遭受欧洲主流社会的误解与偏见，仅作为观赏植物被种植于花园之中。进入 18 世纪，随着欧洲人口激增和战争对粮食需求的增加，马铃薯迎来了命运的转折点，凭借其高产、易种植和对气候的适应性强等特点，开始被各国政府推广为田间作物，逐渐在欧洲普及，并成为重要的粮食作物。在我国，马铃薯的传入是在明朝万历年间，首见于李时珍的《本草纲目》，以“土芋”之名被记载，随后在明末吕毖所著的《明宫史》中再次被提及，并被列为宫廷珍味之一。与欧洲相似，马铃薯在我国的初期传播并非一帆风顺，最初也被认为是有毒的，随着时间的推移，其独特优势逐渐显现，开始被人们广泛接受。马铃薯这一名称，最早在康熙三十九年（1700 年）的《松溪县志·物产》中出现：“菜依树生，掘取之，形有大小，略如铃子，色黑而圆，味苦甘。”到道光年间，吴其濬在《植物名实图考》中详细介绍了阳芋（马铃薯）的各方面情况，还首次记录了其别名“山药蛋”，并绘制了我国第一幅准确的马铃薯图谱。时至今日，马铃薯已经成为全球种植范围最广的农作物之一，我国也成为马铃薯最大的生产和消费国。

马铃薯营养物质种类丰富，有“第二面包”“珍贵作物”等美称。新鲜马铃薯中含有大量水分，约占 75%，蛋白质占 2%~3%，含量超越了一般的蔬菜，与鸡蛋相当，易被人体消化吸收，并含有全部 8 种人体无法自行合成的必需氨基酸。马铃薯的膳食纤维含量高于生活中经常食用的大米、小麦粉和小米等，有助于促进胃肠道蠕动，能够防治便秘，增强饱腹感，同时还能保持血糖含量的稳定。其矿物质含量丰富，属于碱性食品，能够中和酸性食品的酸度，维持人体内酸碱平衡。马铃薯中维生素 C 含量尤为突出，是苹果的 6~10 倍，远高于常见的蔬菜水果，更是远超几乎不含维生素 C 的主要食用谷物。还含

田间马铃薯

马铃薯收获

有丰富的B族维生素，维生素A、维生素E、维生素K、维生素M、维生素H等多种维生素，因此也被称为“地下苹果”。马铃薯也是癌症患者较好的康复食品，具有补中益气、和胃健脾、解毒消肿等功效，能帮助减轻致癌物在体内的毒性，将癌变细胞逆转为正常细胞。彩色马铃薯中的花青素，是一种强抗氧化剂，可以清除自由基，延缓衰老，预防包括癌症、心脏病、早衰、中风、关节炎等疾病。马铃薯淀粉也广泛应用于医学制品中，常见的药剂糖衣、胶囊、牙科材料、接骨黏固剂、医药手套润滑剂，乃至诊断用的放射性载体等，都是由马铃薯淀粉制成的。另外，通过特殊的加工工艺，马铃薯淀粉还能制成淀粉海绵，在处理伤口时起到止血的效果。

为了吃好用好马铃薯，我们需要对其种类有一个全面的认识。你可能不知道，全球大约有4 000种不同的马铃薯品种，它们形态各异，色彩斑斓。根据

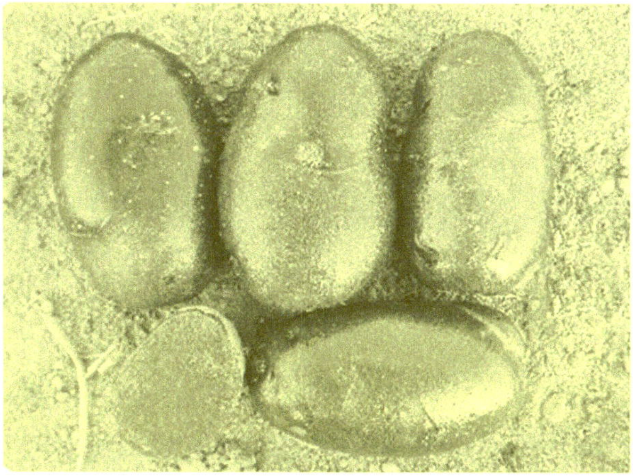

紫皮紫肉马铃薯

不同用途，我们可以把马铃薯分成几个类型：鲜食型、淀粉加工型、薯片专用型和薯条专用型。鲜食型马铃薯是我们最常见的马铃薯类型，这种类型的马铃薯不仅外观漂亮，块茎大且整齐，薯皮光滑，薯肉黄色，对于淀粉含量则要求不高。淀粉加工型马铃薯，与鲜食型不同，它对外观品质没有较高的要求，更注重淀粉含量，必须达到一定的标准，通常应在 17%以上，以满足淀粉加工行业的需求，适合制作淀粉、粉条等食品。薯片专用型马铃薯，顾名思义是用来制作薯片的，这种类型的马铃薯要求还原糖含量要低，一般要在 0.2%以下，最高不能超过 0.3%，同时，干物质含量需要达到 19.6%以上，薯形最好是圆形或短椭圆形，薯肉洁白无瑕，块茎大小也要适中，这样炸出来的薯片才会又脆又好吃；而且，这种马铃薯在低温下储藏还不容易糖化，保证了薯片的品质稳定。薯条专用型马铃薯，还原糖含量也同样要求低于 0.3%，干物质含量在 19.9%以上，但薯形则以长形或长椭圆形为佳，薯肉洁白，大、中薯率高，无空心现象，在低温下储藏也不容易糖化。当然，马铃薯的世界不仅仅局限于传统的白色和黄色，现在越来越多的彩色马铃薯走进了我们的生活。如紫色马铃薯，表皮和果肉都呈深紫色，富含花青素等抗氧化物质；红皮马铃薯则有着红色或粉红色的表皮，果肉颜色多样，口感糯滑；还有黑马铃薯和七彩马铃薯等品种，外观独特，而且营养价值也更高。

马铃薯易于储存，而且能够适应多种烹饪方式，从家常小炒到精致料理，从街头小吃到餐厅佳肴，都有不同的口感和风味。家喻户晓的酸辣土豆丝，细切的马铃薯丝，经过快速翻炒，保留了爽脆口感，再搭配上酸辣适中的调味，简单却美味。土豆烧牛肉，作为一道跨越地域的经典菜肴，马铃薯的软糯与牛

酸辣土豆丝

炸薯条

肉的鲜美相互渗透，成就了难以抗拒的美味。香浓的奶油土豆泥，口感细腻，味道醇厚，是儿童和老人的最爱，也是西餐中的经典配菜。金黄诱人的土豆饼，外皮酥脆，口感软糯，最是适合做早餐。在加工领域，马铃薯是重要的食品原料，广泛应用于各类食品加工中，如马铃薯淀粉、马铃薯粉条等，还有马铃薯全粉，经过特殊工艺处理，保留了马铃薯的原有营养成分，成为现代健康饮食的新选择。

中原二季作地区马铃薯一年种植两季，以春季为主、秋季为辅，需要选择早熟马铃薯品种，春季1月下旬至2月上旬播种，秋季8月中下旬播种。春季播种需要将种薯切块催芽，每块种薯至少有1个芽眼，药剂拌种后催芽，炼芽后播种；秋季多采用优质脱毒小型整薯播种。播种前翻地深耕，播种完毕覆土起垄，铺盖地膜。适时浇水控水，雨水多时排水防涝，收获前10d停水。追肥宜少量多次，随水追施水溶肥。前期施氮肥，中期施氮钾肥，后期施钾肥，结合防病喷药。春季马铃薯根据播种期的不同，安排合理收获；秋季马铃薯可待地上部茎叶枯死后再收获，注意避寒潮冻害。

山东省地处中原二季作区，适合种植生长期短的早熟鲜食型马铃薯。山东省农业科学院蔬菜研究所是省内主要的马铃薯遗传育种机构，育有“双丰”“春秋”“鲁薯”等系列早熟马铃薯品种。“鲁薯1号”为紫皮紫肉类型，生长期87d，成品率94%，单产30 000kg/hm^2，干物质含量24%，淀粉含量在17%以上，中抗病毒病，中抗晚疫病。“鲁薯4号”为紫皮紫肉类型，具有芽眼浅、表皮光滑、无裂薯、无二次生长、商品薯率高（93.80%）等优点。“鲁薯6号”为黄皮黄肉类型，生长期70d，单产45 000kg/hm^2，芽眼浅，表皮光滑，无裂薯，无二次生长，商品薯率98%，干物质含量约16%，淀粉含量在11%以上，抗马铃薯PLRV病毒病。

鲁薯6号

第三章

翠蔓葫芦珍——蔬菜中的翠绿珍宝

第一节　黄瓜为什么叫黄瓜

宋代诗人陆游在《种菜》一诗中写道："白苣黄瓜上市稀，盘中顿觉有光辉。"春日里，白苣与黄瓜初登市场，因时节之早、产量之少而显得尤为珍贵。当这两样清脆可口的蔬菜被细心置于盘中，它们不仅带来了味蕾的期待，更在光线的映照下，仿佛散发出淡淡的光泽，为平凡的餐桌添上一抹不凡的风采。

黄瓜明明是绿色的，为什么叫它黄瓜呢?《齐名要术》中记载："收胡瓜，候色黄则摘。"古时候的人吃的是成熟后的老瓜，而我们现代人平时吃的黄瓜，一般是嫩绿色没有成熟的果实，商品性好，口感清脆爽口，成熟后的果实就会变为黄色，黄瓜的名字也就是这么来的。

成熟黄瓜

黄瓜起源于距今3 000多年前的喜马拉雅山麓地区，直至16世纪才传入我国。黄瓜初入汉朝时，因其源自西域，被赋予了"胡瓜"的称谓，李时珍在《本草纲目》中有记载："张骞使西域得种，故名'胡瓜'。"在隋唐至宋朝的历史长河中，黄瓜的命运发生了翻天覆地的变化，隋朝时期的《大业杂记》中记载：隋朝大业四年（608年）九月，隋炀帝"自幕北至东都，改胡床为交床，胡瓜为白露黄瓜，改茄子为昆仑紫瓜。"这一称谓逐渐演化为我们今日所熟知的“黄瓜”。唐朝时期，黄瓜更是荣登皇家贡品之列，成为皇室专属的美味佳肴，唐代诗人王建在《宫前早春（一作华清宫）》中描绘了这一盛景“酒幔高楼一百家，宫前杨柳寺前花。内园分得温汤水，二月中旬已进瓜。”诗中的“内园”便是宫廷中专为种植黄瓜而设的菜园子，黄瓜作为贡品，其地位之尊崇可见一斑。到了宋朝，黄瓜的种植逐渐普及至民间，很多寻常百姓家的菜园子里，黄瓜也随处可见。明清时期，人们热衷于二月品尝黄瓜的美味，明代陈继儒的《致富奇书》提到：“闽人二月食之，至夏枯矣。”为了满足古代食客们对黄瓜的热爱，人们经过不断尝试与探索，成功培育出了反季黄瓜，使得这一美味佳肴得以四季常享。黄瓜也以其清脆的口感与丰富的营养，逐渐融入了我国的饮食文化，成为人们夏日消暑、餐桌添彩的必备之选。

黄瓜的主要成分是水分，大约占其总重量的95%，是一种低热量、高水分的食物，尤其适合在炎炎夏日清凉解暑。此外，黄瓜含有一种称为黄瓜酸的物质，具有抗炎、抗菌、抗氧化等作用，能够有效预防感染，加速伤口愈合，并通过抑制体内的过氧化物酶活性，减少氧自由基的产生，从而保护细胞免受氧化损伤，延缓衰老。黄瓜中还含有葫芦素C等成分，具有抗癌、抗糖尿病、降血压等功效。黄瓜还具有一定的利尿消肿作用，能排出体内多余的水分和毒素。因此，黄瓜被广泛应用于中医药方和草药治疗中，作为一种常见的药食同源食材，用于治疗水肿、尿路感染、肾炎等疾病。

黄瓜作为一种常见的蔬菜，在世界各地都有不同的品种和吃法。华南型黄瓜，果实较小，瘤稀，多黑刺，嫩果绿、绿白、黄白色，味淡，代表品种有昆明早黄瓜、广州二青、海阳白皮等。华北型黄瓜，嫩果棍棒状，绿色，瘤密，

华南型黄瓜

华北型黄瓜

多白刺，优秀品种有山东新泰密刺、津优 35 号、中农 26 号、鲁蔬 145、冬灵 48 号、德瑞特 1 号等。欧美温室型黄瓜，果面光滑，浅绿色，短果型品种果长在 12~20cm，长果型品种果长达 50cm 以上，我国生产上以短果型品种为主，有天使 12 号、中农大 51 号、南水 2 号等。小型黄瓜，植株较矮小，多花多果，代表品种有扬州长乳黄瓜等。

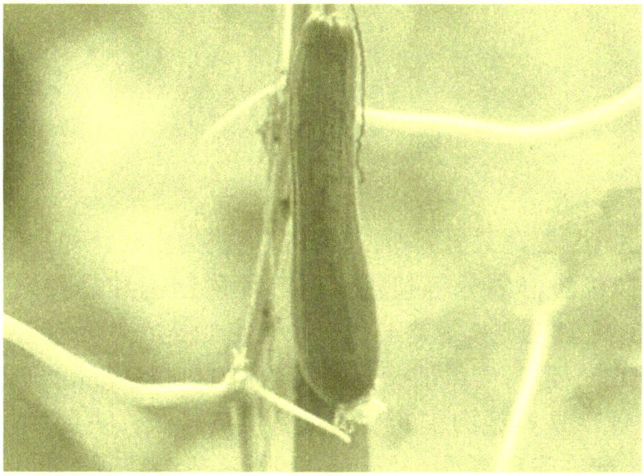

欧洲温室型黄瓜

黄瓜，作为一种营养丰富、口感清爽的蔬菜，不仅在生食中具有独特的魅力，还可以被用来制作各种美味的料理和小吃。凉拌黄瓜是一道简单而美味的凉菜，常见于各种中餐馆和自助餐厅，口感清爽，酸甜可口，适合作为开胃菜或者配菜搭配其他菜肴。酸黄瓜常见于欧洲和北美等地，经过乳酸发酵过程，使味道酸甜可口，口感酥脆爽口，常常作为开胃菜或者下酒菜供应，也可以用来制作三明治或者汉堡的配料，为食物增添风味。

黄瓜一般在春秋两季栽培，通常用育苗移栽法。播种育苗前应进行浸种催芽，通常3~4d基本全部露白，幼苗长至约5cm高，或者2片真叶时定植，定植后选择晴天再浇1次缓苗水，中耕松土，以利根系发育。黄瓜的瓜蔓无法直立生长，应及时进行绑蔓，可采用“人”字形花架或吊蔓，及时打杈摘心，摘除下部黄叶和老叶。根瓜膨大后根据植株长势浇水，结瓜初期以促根壮秧为主，追肥浇水1次；盛瓜期水肥管理一般5~7d进行1次，以尿素或者复合肥为主，配合追施一些磷钾肥、生物菌肥、钙镁肥等；结瓜后期注意控水降温。黄瓜的主要病害有白粉病、霜霉病、灰霉病、细菌性角斑病等，主要虫害有蓟马、蚜虫、红蜘蛛等，防治方法主要是药剂防治。但应注意，用药应在黄瓜采收前进行，开始采摘后要停止喷药。

大棚黄瓜

山东省农业科学院蔬菜研究所以高产、优质为主要育种目标，利用黄瓜雌性系转育及杂种优势群划分等技术，进行种质创制和品种培育，先后育成“冬灵102”“冬灵22号”“冬灵48号”“天使11号”“天使12号”等黄瓜新品种。“冬灵102”是高产黄瓜，单产高达570 000kg/hm^2，创下黄瓜单产纪录。“冬灵48号”是典型的华北型黄瓜，瓜条较长，皮薄刺密，皮色亮绿，果肉淡绿色，吃起来脆甜清香。“天使11号”是水果型黄瓜，质地脆嫩，口味甘甜，清香浓郁，适合生食。“天使12号”也是水果型黄瓜，单产高达120 000kg/hm^2。

第二节　西葫芦是葫芦吗

《西葫芦吟》曰："地畔田间花果巧，席中桌上色香嘉。"田野间的西葫芦与各类花果巧妙共生，交织出一派生动的自然景致，将它从田野带至人们的餐桌之上，又以其独特的色泽和香气，成为席上的美味佳肴。

西葫芦，又称北瓜、茭瓜、云南小瓜、菜瓜、美洲南瓜，原产地主要位于中美洲和南美洲，历史根源可追溯到约8 000年前的古代美洲。在这些地区，野生的西葫芦植物生长在河岸、山坡和森林边缘，是古代美洲人类采集食用的重要食物之一。中世纪时期，西葫芦被带到了欧洲大陆，逐渐在各地传播开来。直至19世纪后期，意大利人通过人工选择和杂交技术，培育出了现代意义上的西葫芦品种，使其果实变得更加嫩滑和多汁，适合做成各种菜肴。明末清初时，西葫芦传入我国，由于跟我国的葫芦在植物学形态上有相似之处，故称"西葫芦"，其中"西"字恰如其分地标明了其远道而来的身份。

田间西葫芦

西葫芦是一种低热量、低脂肪的蔬菜，每100g西葫芦的能量仅为16kcal左右，脂肪含量极低，是减肥和健康饮食的优选食材。别看它热量低，营养价值却不可小觑，它富含维生素A、维生素C、维生素E等多种维生素，以及丰富的钾、镁、钙、铁等矿物质。另外，西葫芦中的膳食纤维含量丰富，既有可溶性纤维，也有不溶性纤维，它们共同作用于肠道，促进蠕动，增加饱腹感，能够有效预防便秘和结肠癌等肠道疾病。在中医药理论中，西葫芦味甘性凉，具有清热利尿、解毒消肿的功效，是一种清热利湿的食材，可用于治疗湿热证候引起的如热病、水肿、小便不利等病症。研究还发现，西葫芦中的一些活性成分具有降血糖的作用，食用西葫芦有助于调节血糖水平，增加胰岛素分泌，对糖尿病患者的血糖控制具有一定的辅助作用。值得一提的是，西葫芦中还含有多种具有抗炎抗菌作用的生物活性物质，如黄酮类、多酚类化合物等，它们能够有效地抑制炎症反应和细菌感染，有助于预防和治疗炎症性疾病。

采收的西葫芦

西葫芦经过人类长期的驯化和栽培，形成了许多不同的品种。其中，意大利圆形西葫芦是一种外形圆润、肉质鲜嫩的品种，通常直径在10～15cm，外皮光滑，呈浅绿色，肉质细腻，口感清爽，适合用来制作烹饪或者凉拌。黄皮条形西葫芦是一种外皮呈浅黄色、形状略呈圆筒状的品种，通常长度在20～25cm，适合用来制作沙拉或者凉拌，在美国等地比较常见，是一种受欢迎的夏季蔬菜。我国种植的西葫芦的品种分矮性、半蔓性和蔓性3种类型。矮性又叫短蔓类型，茎短，一般为0.3～0.5m，早熟丰产，适合密植，分枝性弱，管理省工，是目前各地栽培的主要品种类型，主栽品种有站秧、阿尔及利亚西葫芦、一窝猴、早青一代。半蔓性类型，节间较长，蔓长0.5～1m，中熟品种，栽培较少。蔓性类型又叫长蔓类型，生长势强，主蔓3～4m，晚熟，营养面积大，管理费工，我国北方农村栽培较多，有北京条西葫芦、青皮西葫芦、扯秧西葫芦、面茭瓜等代表品种。

西葫芦作为一种多功能的蔬菜，它在烹饪中可以发挥出各种不同的美味和口感。凉拌西葫芦是一道清爽可口的凉菜，适合夏季消暑。大家熟知的西葫芦炒蛋是一道简单而美味的家常菜，西葫芦的清爽口感和鸡蛋的绵软口感相互融合，香气扑鼻。西葫芦煎饼，外酥内软，香气四溢，适合作为早餐。需要注意的是，西葫芦里的营养物质很容易被高温破坏，所以烹饪时尽量选择轻微加热的方式，如清炒、水煮，或者直接做成凉拌菜，这样就能让西葫芦的营养成分少受损失，让我们吃得更健康。

在种植西葫芦时，可根据当地气候条件及茬口适时播种，如越冬茬10月中下旬播种，冬春茬11月上旬播种，早春茬元旦前后播种，秋延迟大拱棚8月中下旬播种等。播种前50℃温水浸种，25℃恒温催芽1~2d至芽长3~4mm，进行播种。播种后需要提高地温，70%以上幼苗出土后揭除地膜，控制棚温白天25℃左右，夜间15℃左右。整地定植，采用平畦起小垄栽培。结瓜期以主蔓结瓜为主，每株同时留瓜不得超过3个。西葫芦病虫害主要有病毒病、白粉病、灰霉病、蚜虫等。嫩瓜一般在坐果后10~12d、单瓜重量0.5kg左右时采收。

第三节　“南”得遇见

“篱落遥见金点绿，幽境生香玉舀盆。”金色的南瓜在绿叶的衬托下熠熠生辉，幽静的环境中弥漫着特有的香气，清新又雅致。

南瓜起源于美洲大陆，具体可以追溯到公元前7000年—公元前5500年的墨西哥和中南美洲地区。考古学家在这一地区发现了最早的南瓜种子和果实遗迹，证明人类在远古时代就开始种植和食用南瓜。在美洲土著文化中，南瓜扮演着重要的角色，它既是日常的食物来源，又被用作容器、工具，甚至在祭祀中作为神圣的供品，象征着丰收与生育的喜悦。随着哥伦布在15世纪末发现美洲新大陆，南瓜等作物首次传入欧洲，随后被葡萄牙引种到日本、印度尼西亚、菲律宾等地，随着殖民和贸易逐渐在世界范围传播开。至明代，南瓜传入我国，李时珍在《本草纲目》记载：“南瓜种出南番，转入闽、浙，今燕京诸处亦有之矣。”细致地描述了南瓜的种植时节、生长习性及食用方法，称其肉质肥厚、色泽金黄，虽不可生食，但烹饪后味道如山药，与猪肉同煮更为美味，亦可蜜煎享用。南瓜在我国有98种不同的称谓，如“倭瓜”“蕃瓜”“北瓜”“金瓜”“饭瓜”“米瓜”等。初期，人们误以为南瓜来自日本，称为“倭瓜”；后又因色泽金黄而被誉为“金瓜”；更因其高产、易活、营养丰富，在荒年可充作粮食，而亲切称呼其为“饭瓜”与“米瓜”。明代末期，南瓜因其救荒作用显著，且易栽培、适应性强等特点，逐渐成为重要的代粮作物。直到我国改革开放之后，南瓜才重新被定位为菜粮兼用的普通瓜菜，走进了千家万户的餐桌。

板栗型南瓜

南瓜之所以能成为全球喜爱的食材，不仅仅因为它的美味，更在于它蕴含的丰富营养。南瓜中含有丰富的膳食纤维，能够促进肠胃蠕动，帮助食物消化。多糖类物质能提高人体的免疫功能。胡萝卜素进入身体后可以转化成维生素 A，能保护视力，促进骨骼发育。其富含的果胶，能调节食物的吸收速率，维持血糖的稳定。不仅如此，南瓜从头到脚都能为我们所用。夏天用南瓜叶煮水喝，可清凉解暑，还能止血和止疼、治疗疳积和痢疾。种子里含有南瓜籽氨基酸，具有清热除湿、驱虫的功效，甚至对血吸虫有控制和杀灭作用。藤、瓜蒂和根部，都有各自的神奇功效，如清热、安胎、治牙痛。在历史上鸦片泛滥时，南瓜还曾被用作戒烟的辅助药物，帮助人们摆脱鸦片的困扰，治疗烟瘾。

不同类型的南瓜

南瓜主要可以分为我国品种、印度品种和美洲黑籽品种三大类。近年来国内栽培比较多的品种有贝贝南瓜，是从日本引进的甘栗型优质南瓜品种，个头小巧，每个约400g，瓜皮上分布着墨绿色带浅绿色的花纹，小巧浑圆，口感非常软糯，兼具南瓜香甜和栗子粉糯，可直接蒸熟食用，也可以煮粥或做南瓜羹等；板栗南瓜，是小型早熟南瓜新品种，既有浓郁的南瓜香味，又有香浓的板栗味，蒸熟后，皮薄肉厚，肉质橘黄色，香、糯、粉、甜的口感让人回味无穷，与贝贝南瓜相比，果肉更厚更硬，更香更糯；奶油南瓜，外形像葫芦，单个大小有1.5~2kg，果肉为鲜艳橘红色，糖度高，口味好，且带有一股奶油香味，适合鲜食和加工，能自然储存3个月以上；蜜本南瓜，常见的南瓜品种，也被称为“老南瓜”，粉质细嫩、甜面可口，单瓜重可达4kg。

南瓜蒸、煮、煎、炒、炸均可。将南瓜切块后放入蒸锅中，以中火蒸煮至软糯可口，这种方法可以保留南瓜的大部分营养，尤其是其中的维生素和矿物质。将南瓜与大米、小米等一同煮成南瓜粥，可以将其中的营养素更好地释放出来，口感软糯，易于消化，适合各年龄段人群食用。南瓜蒸熟捣成泥，与糯米粉一起和面，煎至两面金黄，可以做出口感酥软甜糯、香味醇厚的南瓜饼。南瓜与猪肉一起食用味道更为鲜美，还可以起到中医上的补气效果，如南瓜炒肉、南瓜炖肉、南瓜蒸肉、南瓜红烧肉等。南瓜的花还能够配合大蒜，炒制出美味清口的炒南瓜花。南瓜的种子洗净晾干后，还可以炒或者煮出美味休闲的南瓜瓜籽。

南瓜是喜温的短日照植物，耐旱性强，对土壤要求不严格，但以肥沃、中性或微酸性沙壤土为佳，主要靠播种繁殖，有点播和直播两种方式。点播每穴2~3粒种子，种尖朝下，覆土2~3cm，浇透水，25~30℃条件下1~2周发芽；直播则在上年冬天将地整好，施足底肥，翌年开春2—3月将种子埋入即可。幼苗长至3~5片真叶时定植，每盆1株，浇透水。约10d后，喷施1次稀薄有机肥，以氮肥为主。8~10片真叶时进行第一次打顶，搭设支架，侧蔓长50cm以上时可采集嫩茎尖及叶柄食用。进入开花期，初期以雄花为主，可供食用，雌花开始生长时，追施磷钾肥。通常每株有3~5个瓜正常生长即可，并对茎蔓进行适当打顶，以保证植株健壮和果实质量。

第四节　合格的吃瓜群众

明代诗人杨慎在《菩萨蛮·西瓜》中写道：“铅华浮沁凉波湿，翠盘分处鸾羞涩。”夏日炎炎，阳光炽热，此时，一枚圆润饱满的西瓜被轻轻切开，瓜瓤清凉如被水波浸湿的铅华，鲜红的瓜肉在翠绿的瓜皮映衬下，犹如羞涩的凤凰躲藏其中。

西瓜是一种原产于非洲的藤本植物，最早可追溯至非洲东北部的苏丹与埃及，那里至今仍保留着野生西瓜种群的遗迹。公元前2000年或者更早时候，西瓜和药西瓜便已经出现在尼罗河流域，但当时的人们更偏爱食用其种子，而非我们今天所享用的甘甜瓜瓤。随着时间的推移，在距今3 000年前的古希腊，开始出现西瓜种植技术，公元前后传入古罗马，被地中海沿岸各国接纳并广泛栽培为食用瓜果。约公元前500年，西瓜被奈伯特人和犹太人从北方传入阿拉伯半岛，逐渐成为阿拉伯地区的常见水果。到7世纪，波斯人将西瓜引入到了印度，开启了西瓜在亚洲的新篇章。唐朝时期，西瓜由中亚传入我国，在五代时期胡峤的《陷虏记》中，首次出现了“西瓜”一词的记载：“契丹破回纥得此种”。金朝崛起后，西瓜随着金国的疆域扩张，迅速在中原地区推广开来，黄河以南、淮河以北都有大规模种植。南宋绍兴十三年（1143年），被金国扣留15年的南宋使臣洪皓自燕京携西瓜种子逃回杭州，并积极推广种植，“西瓜形如扁蒲而圆，色极青翠，经岁则变黄。其瓞类甜瓜，味甘脆，中有汁尤冷。”到了元代，西瓜在我国北方已经形成规模化种植，成为瓜农的重要经济来源。明朝时期，西瓜种植在南北各地继续推进，李时珍《本草纲目》记载：“今则南北皆有”。时至今日，我国已是世界最大的西瓜生产国和消费国，长期保持着领先地位。

一提到西瓜，大家首先想到的就是它清甜多汁的口感，夏日炎炎时，西瓜可是消暑降温的首选，这是因为西瓜含有大量的水分，含量高达90%以上，能够有效地消暑降温。西瓜富含钾、钠、钙等多种矿物质，以及维生素C、维生素A、B族维生素等。西瓜的蛋白质含量同样不容忽视，其含量为3%~4%，且氨基酸组成丰富，特别是精氨酸、组氨酸等必需氨基酸含量较高。西瓜中还藏着一个“秘密武器”——瓜氨酸，这是一种特殊的氨基酸，只在西瓜等少数植物中存在，具有抗氧化作用，能够清除自由基，保护细胞免受氧化损伤，对于预防癌症、心血管疾病及神经退行性疾病等具有重要意义，同时还能促进血液循环、改善心血管健康以及发挥抗炎作用。在传统医学中认为西瓜性寒，含有丰富的水分，因此被广泛应用于清热解暑。其次，西瓜还具有利尿消肿的作用，对水肿性疾病有一定的辅助作用。此外，西瓜的果肉对口腔溃疡、口干舌燥等症状有一定的缓解作用，常被当作是滋阴润燥的食物。

西瓜种类繁多，可以按照生长期长短、瓜皮颜色、瓜皮花纹、瓜肉颜色以及用途等特征特性进行各种分类。我们生活中常见的普通西瓜具有较深的瓜皮

夏日西瓜

颜色，通常是绿色和黑色条纹，以及红色的瓜瓤。无籽西瓜，是一种人工培育的西瓜类型，通过使用化学方法等诱导产生四倍体西瓜，将四倍体西瓜与二倍体西瓜进行杂交，产生的三倍体西瓜由于无法产生后代，所以成为无籽西瓜。黄瓤西瓜，是一种相对较新的品种，通常比普通西瓜小一些，瓜皮颜色为黄色或绿色，瓜瓤是黄色或橙色，味道与普通西瓜相似，但口感更加细腻。黑皮西瓜，瓜皮为黑色，个头通常比普通西瓜小一些，瓜皮光滑且较薄，非常易于切片，瓜瓤通常是深红色或黑色，味道非常甜美。除了以上常见的品种外，还有一些特殊的西瓜种类，如水果味浓郁的“水果西瓜”、口感脆爽的“脆瓜”等。

西瓜可以鲜食、榨果汁、做果盘或者进行加工。新鲜西瓜切块，加入少量的蜂蜜或糖来调味后榨成西瓜汁，清凉解暑，让人心情愉悦，是夏季必备饮品之一。西瓜切成小块，搭配黄瓜、圣女果、生菜等蔬菜，加入适量的沙拉酱搅拌均匀，制成水果沙拉。西瓜皮还可以炒菜，洗净去绿皮后切细丝，加入调

小型西瓜

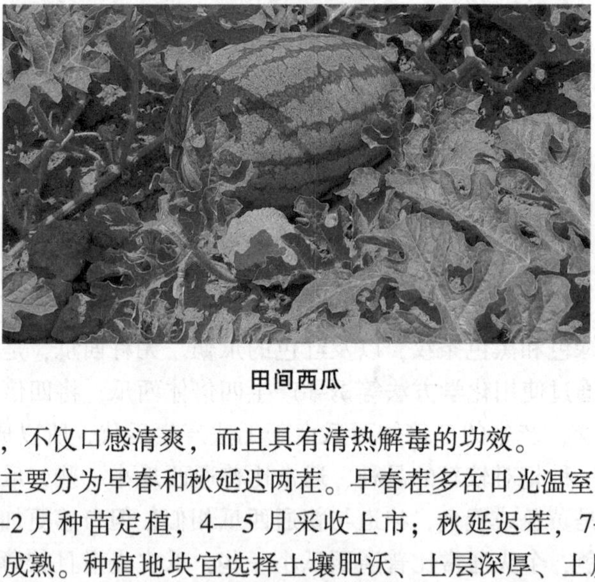

田间西瓜

料，简单煸炒，不仅口感清爽，而且具有清热解毒的功效。

西瓜种植主要分为早春和秋延迟两茬。早春茬多在日光温室或大拱棚多层覆盖栽培，1—2 月种苗定植，4—5 月采收上市；秋延迟茬，7—8 月播种育苗，10—11 月成熟。种植地块宜选择土壤肥沃、土层深厚、土质疏松、排灌方便的沙壤土。大规模生产多采用工厂化嫁接育苗，购买商品苗即可。定植前土壤深翻，整地作畦，根据品种类型以及整枝方式确定定植密度，中早熟普通西瓜品种定植密度为 10 500～13 500 株/hm^2，小型西瓜品种定植密度为 18 000～22 500株/hm^2。植株从伸蔓至坐果期应追施长效有机肥及复合肥，坐瓜后再追 1 次肥，以硫酸钾复合肥随水冲施。定植后及时浇缓苗水，伸蔓期增加灌水量，结果期保证足够的供水，每 7～10d 浇 1 次大水，浇大水后及时通风降湿。

山东省农业科学院蔬菜研究所先后选育出了“鲁红密520”“金星”“鲁彩蜜131”“鲁黄蜜1号”等品种。“鲁红密520”为礼品型西瓜新品种，果实椭圆形，单果重约1.8kg，果皮青绿，皮薄耐裂，果肉红色、均匀，富含番茄红素，质细脆爽，中心含糖量12.5%以上。“金星”为早熟小型西瓜新品种，果实椭圆形，皮深绿色，上覆暗色条带，单果重3~4kg，瓜瓤橘黄色，肉质细脆，纤维少，中心折光糖含量11%~12%，风味佳。“鲁彩蜜131”为小型西瓜，果实椭圆形，单果重约1.8kg，果皮绿色，上覆深绿细齿条，皮薄耐裂，果肉嵌合色，质细脆爽，中心可溶性固形物含量12%以上。“鲁黄蜜1号”为礼品型西瓜新品种，果实椭圆形，单果重约1.8kg，果皮青绿，上覆深绿细齿条，皮薄耐裂，果肉黄色、均匀，富含类胡萝卜素，口感酥脆无渣，中心含糖量12%以上。

金星

第五节　金瓜银瓜　不如一口甜瓜

宋代诗人虞似良在《诗一首》中写道：“一杯山茗雪花白，数片甘瓜碧玉香。”山茶色泽纯白如雪，清冽中带着丝丝醇厚，香气悠然，盘中摆放着几片刚切好的甜瓜，外皮碧绿光滑，宛如精致的碧玉，咬上一口，甘甜多汁，爽脆可口，令人回味无穷。

甜瓜的初级起源中心为非洲的几内亚地区，因味甜而得名，后经古埃及传入中东、中亚和印度等地区。传入印度的甜瓜进一步分化出薄皮甜瓜和厚皮甜瓜，12—13 世纪由中亚传入俄国，16 世纪初由欧洲传入美洲，19 世纪 60 年代从美洲传入日本。

一说起甜瓜，我们就能联想到清甜与滋润，而实际上，甜瓜甜蜜的背后还含有丰富的营养价值。甜瓜是维生素 C 的“储藏室”，维生素 C 对免疫系统至关重要，能帮助抵抗疾病，保护皮肤免受紫外线的伤害，还能起到抗氧化的作用。橙色的甜瓜，如哈密瓜，含有丰富的 β-胡萝卜素，对视力、皮肤和免疫功能都有很大的帮助。当然，甜瓜的水分也是不能忽视的，水分含量高达 90%，在炎热的夏天，能为我们提供充足的水分，帮助保持身体的凉爽和水分平衡。除此之外，甜瓜还含有一定的膳食纤维，有助于肠道健康和维持良好的消化功能；还有钾元素和 B 族维生素，在维持心脏、神经系统健康方面都有重要的作用。甜瓜虽然很甜，但热量却不高，每 100g 甜瓜的热量通常在 26～34kcal，是一种低热量的水果，在满足味蕾的同时，为身体提供必要的营养，还不会带来过多的热量负担。

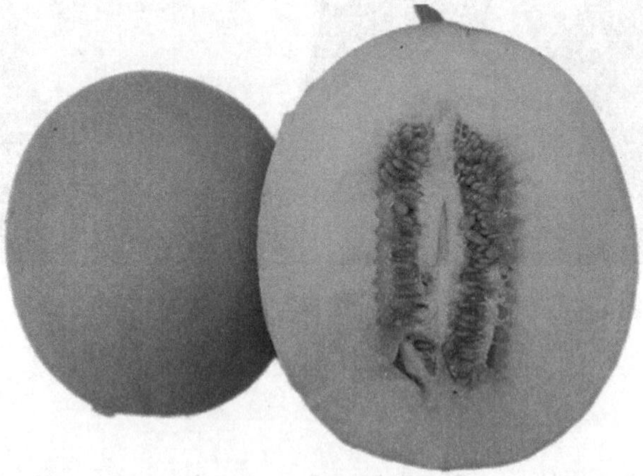

甜瓜剖切面

很多人是不是分不清哈密瓜、甜瓜、网纹瓜、香瓜呢？其实它们都属于甜瓜。如果想对它们有进一步的认识，最先要区分的就是它的两种生态类型——薄皮甜瓜和厚皮甜瓜。薄皮甜瓜的个头通常较厚皮甜瓜要小，表皮光滑，薄而可食用。厚皮甜瓜顾名思义，表皮较厚，不可食用，一般个头也更大一些。提到甜瓜，相信大家首先想到的都是新疆的甜瓜甜如蜜，其实除了新疆外，我们全国各地也有不少好吃的甜瓜品种。如西州蜜瓜，主要产于新疆和海南地区，上市时间为 5—10 月，皮薄、果肉厚实、味道香甜清脆、水分足，甜度和脆度高于普通的蜜瓜，外皮深绿色，有明显的网纹，果肉很厚且甜，中间部分最甜，切开后可以看到外围淡黄色，中间橘红色，口感层次丰富。伽师瓜，因产地在伽师县而得名，长椭圆形，表皮墨绿色，没有网纹，果皮很薄，果肉橘红色，清甜爽口，味道很好，深受消费者喜爱。玉菇甜瓜，主要产于山东莘县和上海南汇，上市时间为 4—7 月，以其绵软细腻、冰甜透心的口感著称，沙软多汁，如同冰淇淋一般柔嫩细腻，甜度高达 19°以上。羊角蜜，薄皮甜瓜类型，主要产于河北青县，最佳食用时间为 8 月，口感爽脆清甜，味道清新自然，果味浓郁。“博洋 9 号”是薄皮甜瓜类型，主要产于山东潍坊、河南开封等地，上市时间在 5 月上中旬，口感香脆清甜、细腻绵滑，糖度适宜，果肉外层脆爽，内层绵密，可以连皮带籽一起食用。

甜瓜是一种非常美味的水果，它不仅可以直接食用，还可以做成各种甜点和饮品。甜瓜去皮切成块，直接食用或制作水果沙拉，切成小块，加入其他水果如草莓、蓝莓等以及坚果和蜂蜜拌匀，这样制作的甜瓜沙拉清爽可口，口感丰富。此外，甜瓜还有一些加工产品，如将瓜肉切碎、加糖、熬煮等工艺处理后，制成口感浓郁、味道独特的果酱；通过糖渍、晾晒等工艺处理，将甜瓜制成色泽金黄、口感韧脆的蜜饯，成为老少皆宜的休闲食品；利用先进的冻干技术，将甜瓜进行脱水处理，制成易储存、易携带的冻干食品等。

甜瓜通常育苗移栽，需要提前 25～30d 播种，种子经 55℃温汤浸种后催芽 12h，春季苗龄为 30～35d，夏秋苗龄 15～20d，嫁接苗龄延长 7～10d。定植前应少浇水，出土后开始通风。土壤宜选择土层深厚、排水好、地力肥的沙壤土。定植前施足基肥，选择连续晴天上午进行移栽，覆盖地膜。定植后至伸蔓前应控制浇水，伸蔓期，随水追施氮磷钾复合肥，膨瓜期浇大水，随水追氮磷钾水溶肥。厚皮甜瓜单蔓整枝、吊蔓栽培；薄皮甜瓜双蔓整枝、吊蔓或爬地栽培。结瓜初期的管理要以促根壮秧为主，盛瓜期水肥管理一般 5～7d 进行 1 次，结瓜后期以控为主，每 7～10d 浇 1 次，降低温度。注重预防病虫害，及时喷施百菌清、吡虫啉等药剂，减少病虫害的发生。

山东省农业科学院蔬菜研究所聚焦市场需求，以厚皮甜瓜和中小型西瓜新品种选育为目标，先后育成“鲁厚甜 1 号”“鲁厚甜 129”“玉贵人”等甜瓜品种。“鲁厚甜 1 号”是厚皮网纹甜瓜，果肉绿色，口感软糯，风味清香，含糖量高达到 18%以上。2007 年通过了山东省审定，成为山东省第一个通过审

鲁厚甜

玉贵人

定的网纹甜瓜品种，打破了山东省厚皮甜瓜种子依赖进口的局面。2017 年 5 月 9 日，“鲁厚甜 1 号” 网纹甜瓜品种以 458 万元的价格正式转让给海阳市郭城镇农业科学研究所，创国内果菜类单个品种转让最高纪录。“鲁厚甜 129” 是杂交一代厚皮甜瓜，早熟、优质，易坐果，果皮黄色，肉白色，可溶性固形物含量 15%以上，肉厚腔小，脆甜爽口。

第四章

香韵百合蔬——蔬菜中的香辛君子

第一节　“催泪神器”洋葱

“罗衣剥落露晶莹，嫩紫娇红可养生。”洋葱的层层外衣如罗衣轻裹，每一片都薄如蝉翼，透着光亮，轻轻剥开，露出内里晶莹肉质，嫩紫娇红交织，煞是好看。

洋葱是世界上栽培历史最悠久的蔬菜之一，起源于5 000多年前的中亚两河流域。早在公元前1600年左右，美索不达米亚的苏美尔人就已经有了关于洋葱的文字记录，这是目前已知最早的洋葱文献记载。随后，洋葱向西传播至古埃及，成为古埃及艺术中频繁出现的植物形象。在古埃及，洋葱的价值超越了简单的食材范畴，它甚至被用作货币，支付给建造金字塔的奴隶，为他们提供必要的营养与能量。随着古埃及文明与古希腊文明的交流，洋葱也继续向西传播到了西方文明的发祥地——希腊克里特岛。商人们将洋葱的种子从中亚带到了中东，随后在公元前600年传入印度，再于公元前400年—公元前300年跨越中东，抵达欧洲地中海沿岸。按照传统的说法，洋葱是在近代才由海道传入我国的，人们以其引入地域的标识“洋”，命名为“洋葱”。实际上在很早以前洋葱就在我国广大的北方地区栽培过，13世纪初的宋元年间，中亚工匠曾把当地居民喜食的“洋葱”传入我国西北以及华北地区。当时社会上把居住在中亚地区又信奉伊斯兰教的民族统称为“回回”，故以此为命名依据，把这种蔬菜叫作“回回葱”，有时也写作“茴茴葱”。到了清朝，久已在新疆地区扎根的“洋葱”被称为“丕牙斯”，其后又译为“皮芽孜”“皮牙孜”“皮芽子”“皮牙子”，这些都是维吾尔语或哈萨克语中同一词汇的不同译音。《岭南杂记》记载：“洋葱，形似独头蒜而无肉，剥之如葱。澳门白鬼饷客，缕切为丝，珑珙满盆，味极甘辛。”说明18世纪时洋葱已通过欧洲人之手传入澳门，并在广东地区种植。此后，洋葱便逐渐传播至全国各地。

相传，美国南北战争时，北军士兵中广泛暴发的痢疾，总司令培兰特急切地向陆军部求援，直言无洋葱则难以调动军队。陆军部迅速响应，三列满载洋葱的列车疾驰而至，有效遏制了痢疾的蔓延，帮助部队迅速恢复了战斗力。那么，洋葱究竟为何能有如此神奇的功效呢？洋葱中含有丰富的钾、钙、铁、锌、硒、维生素、叶酸、蛋白质、糖类、膳食纤维等营养物质，还含有两种特殊的营养物质——类黄酮和有机硫化合物。类黄酮是一种强效的抗氧化剂，它能够帮助预防心脏病、脑溢血等心脑血管疾病，保护心血管系统。而有机硫化合物则具有抗血栓的功效，有助于防止不必要的血小板凝结，降低胆固醇和甘油三酯的水平，还能保护血液循环系统。尤其是红皮洋葱还含有黄皮和白皮洋葱所没有的花青素，花青素也是一种强效的抗氧化剂，有助于保护身体免受自由基的损伤，从而减缓衰老过程，保持身体健康。洋葱还是唯一含有前列腺素A的植物，前列腺素A是一种天然的血液稀释剂，它能够扩张血管，降低血液黏稠度和血压，从而有助于预防心血管疾病。另外，洋葱中含有能够抗炎的化学物质，能够降低哮喘的发作频率，对于呼吸系统健康也有一定的保护作用。

洋葱，我们有时候更喜欢叫它葱头或者圆葱，根据洋葱的特征，把它们分成了普通洋葱、分蘖洋葱和顶球洋葱3种类型，我们平时吃的，大多都是普通洋葱类型。洋葱的形状也是五花八门，有圆球形、扁圆形和高桩形的。但平时更多的是以颜色区分，有白色、黄色和红色等；黄色和红色也有颜色的深浅不

黄皮洋葱

红皮洋葱

同，如浅黄色、黄铜色、浅红色、紫红色等。当谈论到不同颜色的洋葱时，我们总是会认为颜色不同，味道也会不同。但实际上，颜色本身并不能直接决定洋葱的味道，红皮洋葱、黄皮洋葱和白皮洋葱在味道上的差异，更多是它们所属的不同品种、生长过程中的差异所导致的，还有可能受到成熟度、储存条件以及个人口味偏好等多种因素的影响。

在众多与洋葱相关的美食中，有一道菜以其简约而不简单的味道俘获人心，它就是洋葱炒鸡蛋，这道菜快手易做、味道鲜美，洋葱的甜辣搭配鸡蛋的香嫩，保留了食材的原汁原味，也散发着诱人的香气。洋葱炖牛肉，经过慢炖后的牛肉，带着一丝洋葱的甜味，汤汁浓郁，香味扑鼻。还有洋葱炒羊肉，洋葱的辛辣恰好中和了羊肉的膻味，提升了整体的风味层次。此外，洋葱还扮演着调味的角色，常被用作炒菜时的基础调料，能够迅速提升菜肴的香气和口感。而经过特殊工艺加工的洋葱酱，更是西餐料理中的重要调味品，无论是搭配汉堡、热狗，还是作为披萨的底酱，都能带来丰富而独特的味觉体验。

洋葱栽培季节因地而异，南方秋冬播种，翌年晚春收获；长江和黄河流域多秋季播种，翌年夏季收获；华北北部、西北、东北地区冬季严寒，幼苗可储藏越冬，翌年早春定植或早春保护地育苗定植，晚夏收获；夏季冷凉地区也可春种，秋收。育苗床土要求疏松肥沃，保水力强，在 18~20℃ 下催芽，萌芽过半数时湿播。洋葱生长需要吸收氮、磷、钾等矿质营养，比例为 1：0.4：1.9，由于洋葱根系浅，吸收力弱，全生育期要求土壤有充足的肥料供给，以优质有机肥作基肥，混氮磷钾复合肥；叶片生长期追肥以氮肥为主，并配合磷、钾肥。土壤湿度为田间持水量的 60%~70%，定植至叶片生长期，应少浇水、勤中耕；叶部开始迅速生长时，渐次加大浇水量；鳞茎膨大期须经常浇水，保持土壤湿润；成熟前一周停止浇水。

山东省农业科学院蔬菜研究所选育出了不同皮色和熟期的具有自主知识产权的洋葱杂交种，包括黄皮品种“天正 105”、红皮品种“天正 201”、紫皮品种“火星 1 号”等，打破了高端品种被国外垄断的局面。“天正 105”属于中日照中熟黄皮洋葱杂交种，鳞茎近圆球形，外皮金黄色，肉质柔嫩，辛辣味淡，口感好，耐储性强。“天正 201”属于中日照洋葱杂交种，外皮红色，有光泽，内部鳞片表皮浅红色，肉质柔嫩，辣味淡，口感好，耐储存。“火星 1 号”是中日照中晚熟紫皮洋葱杂交种，外皮呈紫色，是鲜食和熟食兼用品种。

天正 105

天正 201

火星 1 号

第二节　添点蒜味

宋代诗人苏轼在《赠大蒜》一诗中写道："蒜蔓蒙云生绮藤，馥郁芬芳润深岩。"云雾缭绕中，蒜蔓与绮藤交织生长，共同攀爬在岩石或树木之间，散发出馥郁芬芳的气息，浓郁而持久。

田间大蒜

大蒜起源于亚欧大陆腹地的天山山脉，早在公元前3000年左右，古埃及人就开始种植大蒜。随后，大蒜传播到了地中海沿岸，成为这些地区的重要农作物。我国古代原产蒜，西汉时期的《大戴礼记·夏小正》中便有"纳卵蒜"的记载，这里的"卵蒜"即是指小蒜。张骞出使西域后，通过"丝绸之路"将大蒜引入我国陕西关中地区，从此开始了大面积栽培。明代李时珍在《本草纲目》中指出："我国初惟有此，后因汉人得胡蒜于西域，遂呼此为小蒜以别之。"揭示了"胡蒜"之名的由来，乃因汉人自西域引进，与本土小蒜相区分，又因"胡蒜"比我国的野生蒜个头大，将其称为"大蒜"。大蒜传入我国后，随着丝绸之路的繁荣和海上贸易的发展，继续向东流传，大约在9世纪初，大蒜先后从我国传入朝鲜和日本。16世纪初期，大蒜被探险家和殖民者带到南美洲和非洲等地区；18世纪后期，大蒜又被引种到北美洲。如今，我国作为大蒜的栽培大国，种植面积和产量均位居世界前列。

传统饮食中的“糖醋蒜”“腊八蒜”，还有各地的特色菜肴，如山东的“鸡蛋蒜”、浙江的“蒜子鳝段”以及四川的“大蒜鲶鱼”，都将大蒜的风味特性发挥地淋漓尽致，其辛辣味与其他调味料巧妙融合，为菜肴增添风味的同时，还能去除腥味和油腻感。这是因为大蒜中的大蒜素以及丙酮酸和氨等，可以加快溶解产生蛋腥味、鱼腥味等挥发性腥膻异味的三甲胺，并在加热过程中去除挥发的异味。大蒜素还能够减轻心脏病患者的动脉粥样硬化、减慢心率、增加心脏收缩力，有效预防心脑血管疾病。同时，大蒜还能软化血管壁、防止血小板凝聚、降低血压，从而降低患心脏病、中风和肾脏疾病的风险，为我们的心血管系统提供全方位的保护。此外，大蒜还富含蛋白质、低聚糖、多糖类、脂肪、矿物质以及多种维生素。大蒜不仅可作调味料，还可以入药，是著名的食药两用植物。汉末《名医别录》将大蒜列为一种药材：“味辛，温，无毒。归脾肾。主治霍乱，腹中不安，消谷，理胃，温中，除邪痹毒气……”可以治疗霍乱、肠胃炎、中毒等多种疾病。在抗战的艰苦岁月里，八路军和新四军的军医也曾用过大蒜防治感冒、疟疾及急性胃肠炎等疾病。

在日常生活中，我们常根据大蒜的外皮颜色来简单分类，主要分为白皮蒜和红（紫）皮蒜两大类。白皮蒜，顾名思义，外皮是白色或灰白色，蒜瓣较大，在山东比较知名的有莱芜白皮蒜，以蒜瓣大、产量高、质细辣味香而著称，如苍山大蒜，瓣大而整齐，有浓烈的蒜辣味。相比之下，红（紫）皮蒜的外皮则呈现红色或紫色，蒜瓣大而饱满，辛辣味更为浓郁，像山东的嘉祥红皮大蒜、北京的六瓣红以及青海乐都的红（紫）皮大蒜，都是红（紫）皮蒜中的代表。

大蒜作为调味界的“百搭神器”，能为菜肴增添独特的辛辣与香气。如山东鲁西南一带的名吃——鸡蛋蒜，将熟鸡蛋与大蒜一起放在蒜臼中捣乱成泥状，加入盐和香油调味，口感独特，既有鸡蛋的鲜嫩，又有大蒜的辛辣，是一道具有浓厚地方特色的美食。大蒜在烧烤界也形成了一些具有地方特色的烧烤菜品，如蒜蓉烤生蚝、蒜蓉烤茄子等，这些菜品将大蒜的辛辣和香气与海鲜或蔬菜的鲜美完美结合，成为烧烤摊上的热门选择。糖蒜和腊八蒜，也都是深受人们喜爱的腌制大蒜小吃，将新鲜大蒜与糖、醋等调料进行腌制，制成酸甜微辣的糖蒜，不仅保留了大蒜的原有风味，更增添了几分甜润与爽脆。或以醋为主要腌料，腌制后腊八蒜呈现翠绿色泽，通过醋的酸化作用，使大蒜的口感变得柔和，口感酸辣适中，老少皆宜。

山东（黄淮海）地区大蒜主要在秋季9月下旬至10月上中旬播种，翌年5月收获，大蒜喜肥耐肥，对水肥反应敏感。土壤以肥沃的中性或微酸性沙壤土最为适宜，整地前施足底肥，平畦栽培（金乡）或垄作栽培（兰陵）。播种

白皮蒜

红皮蒜

前，筛选无病、无霉变、无锈斑、无机械损伤或虫蛀、蒜瓣整齐的蒜头，掰瓣后浸入含有广谱性杀菌剂的浸种液中 4~12h，捞出沥干播种。大蒜宜浅栽，并浇透水，适时覆盖地膜。肥水管理较为简单，秋末控水蹲苗，越冬前浇足防冻水，翌年清明节前后浇返青水并追肥，旺盛生长期每 5~7d 浇水 1 次，蒜薹采收后浇水追肥，蒜头收获前一周停止浇水。目前，病毒病是为害大蒜最严重的病害之一，应选择抗病优良品种，采用脱毒大蒜作为蒜种，对种子生产进行严格管理，及时拔除病株，减少毒源，田间杀灭蚜虫。病虫害发生后，要尽量选用生物农药或高效低毒低残留农药进行防治。

山东省农业科学院蔬菜研究所长期从事大蒜育种工作，育成“鲁蒜”“双丰”等系列新品种 20 余个。“鲁蒜 5 号”为四倍体头用蒜大蒜新品种，蒜头皮色白色带紫色条纹，单头重 80～150g，12～16 瓣，大而整齐，抗病、品质优，单产干蒜头 30 000kg/hm^{2}以上。“鲁蔬白蒜 1 号”为头用蒜白皮品种类型，蒜头皮和蒜瓣皮均为白色，单产干蒜头 22 500kg/hm^2 以上，蒜薹单产 2 250～4 500kg/hm^2，抗病性强、产量高、品质优。“双丰 3 号”为四倍体蒜薹蒜头兼用型大蒜新品种，蒜薹色绿且长，鳞茎保护叶为白色，单头重 60～110g，8～11 瓣，大而整齐，抗病、品质优、蒜薹长，单产干蒜头蒜薹 1 200～18 000kg/hm^2、19 500～24 000kg/hm^2，耐储存，耐寒。

双丰 1 号

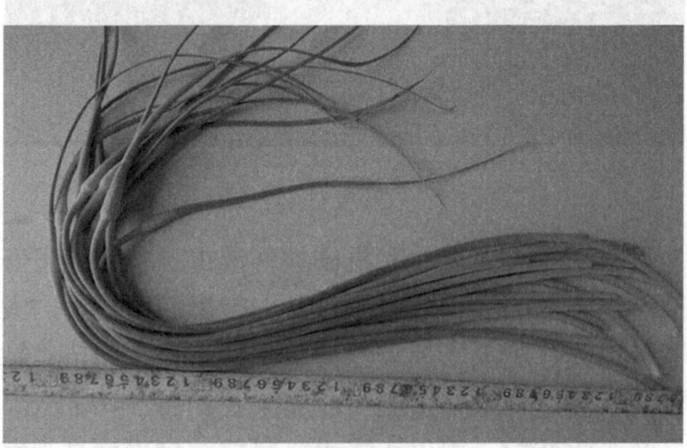

双丰 1 号蒜薹

第三节　菜不在多　有葱则灵

宋代诗人陆文圭在《葱绝句》中写道："丹葩信不类苹蒿，雨后常抽绿玉条。"一场春雨过后，大葱花色泽鲜艳，如同丹砂一般，茎叶在雨水的滋润下显得愈加鲜绿欲滴，仿佛是用绿色玉石雕琢而成。

大葱原产于西伯利亚，相传是由汉代张骞出使西域时带回，随后逐渐传播到中原地区。2022 年，浙江大学喻景权院士团队利用基因组学和群体遗传学等科学方法，解析了葱属植物种群分化和驯化历史，纠正了学术界长期以来将"阿尔泰葱作为葱的祖先种"的论断，揭示并验证了栽培葱主要起源于我国西北地区，并提出了葱从我国西部地区向中亚地区陆地传播，以及栽培葱在我国驯化后再从我国南方地区向日本、欧洲、美洲扩散的海上迁移路径。我国有关葱的文字记载始见于《尔雅》《山海经》。《尔雅》对葱颜色的进行了界定："青，谓之葱；黑，谓之黝。"《山海经》不仅详细记载了野葱的分布地区，如边春之山、北单之山等，还对其味道进行了生动的描绘，如昆仑之丘的蓍草，其味便如葱一般。段玉裁在《说文解字注》中对葱的解释："葱，菜也，从艸，悤声"，进一步明确了葱作为蔬菜的身份。葱在我国的种植历史达2 600年之久，先秦时期的《管子》已有"齐桓公五年，北伐山戎，出冬葱与戎菽，布之天下"的记载。《汉书·召信臣传》中记载："太官园种冬生葱、韭菜茹，覆以屋庑，昼夜燃蕴火，待温气乃生。"揭示了汉代已掌握温室培育技术，并将其应用于葱的栽培中，这是我国古代运用温室培育作物的最早记载之一。明清时期农书编纂达到了集大成的阶段，大葱的栽培技术也在此期间发展成熟。近代以来，西方实验农学传入我国，葱的种植走上了科学化发展的新道路，葱从传统经验农学向实验农学转变，与其他作物一样，经历了漫长过程。现今，我国的大葱主要分布于北方地区，其中山东产量最高。

大葱作为一种重要的调味品或蔬菜，具有挥发性气味物质和辛辣刺激性香气，这是由于其成分中含有的有机硫化物。一旦大葱受损，就会迅速分解成硫代亚磺酸酯类、硫醚类、硫代磺酸酯类、硫醇类和杂环类硫化物等，然后进行互相转化，形成了大葱独特的风味，这些硫化物能有效去除食物中的腥味，还具有较强的杀菌作用。大葱还含有丰富的微量元素，如维生素 A、维生素 B、

田间大葱

维生素C，脂肪、糖类和蛋白质，以及各种矿物质元素，经常吃葱可强身健体、促进食欲、预防阿尔茨海默病、防癌抗癌、缓解三高、治疗感冒等。我国自古就有吃葱可以长寿的说法，中医认为大葱味辛、性微温，能够发表通阳、通阴活血、驱虫解毒，对感冒、风寒等疾病有较好的治疗作用。《神农本草经》概括了大葱"主明目，补中不足。其茎可作汤，主伤寒、寒热、出汗、中风、面目肿"的药理药性。

通常，我们依据葱白的形态与分蘖性将大葱分为棒葱、鸡腿葱和分蘖大葱3种类型。棒葱，它的葱白上下粗细基本一致，形状像一根直棒，基部基本不膨大，也不会长出分枝，如有名的章丘大葱里的"章丘大梧桐"和"气煞风"，还有"寿光八叶齐"，都是棒葱的代表。鸡腿葱，它的葱白基部会膨大起来，形状如鸡腿或蒜头，味道辛辣，特别适合炒熟吃，而且干物质含量高，放久了也不容易腐败变质，代表品种如"山东莱芜鸡腿葱"等。分蘖大葱就

棒葱

鸡腿葱

比较特别了，它在生长过程中会分出 1~3 次小枝，每次分蘖由 1 株分生成 2~3 株，如“青岛分葱”和“九条太”，就是分蘖大葱的典型代表。另外，大葱还有大葱和小葱之分，大葱生长期长，植株高大，葱白多，以食用葱白为主；小葱生长期短，植株矮小，主要吃它的嫩叶。

说到吃大葱，那方法可多了！早在先秦时期《礼记 · 内则》中记载：“脍，春用葱，秋用芥”，人们知道春天吃肉要放葱，秋天则换芥菜。还有《齐民要术》有许多使用葱调味的记载，如做酱、炖汤，都少不了葱的帮忙。山东人乃至整个北方人，尤其喜好生吃大葱，特别是被誉为“葱中之王”的章丘大葱，葱白又大又脆，甜中带着微辣，生吃最好不过了。而以煎饼卷大葱和大葱蘸酱的吃法尤为出名，流传着这样的俗语："煎饼卷大葱，吃得肚皮紧绷绷""大葱蘸酱，越吃越壮"。还有淄博烧烤"小串+小饼+小葱"的三件套吃法更是火爆全网，让人一试难忘。不过，并不是所有大葱都适合生吃，像日本刚葱、鸡腿葱，它们的味道比较浓，爆炒或者放在饺子馅里，味道那叫一个香。而在八大菜系之首的鲁菜里，大葱也是大显身手，如"葱烧海参""葱烧蹄筋""葱爆肉""葱扒鱼肚"等，大葱和主料搭配得恰到好处，可以说这里的大葱不仅是配料，更是灵魂。

大葱蘸酱

大葱是冷凉蔬菜，耐寒不耐热，最适生长温度在15~25℃；耐旱不耐涝，种植需要选择疏松肥沃、排水性和透气性良好的地块。育苗时，应选择3年内未种植过葱蒜类蔬菜的地块，撒播，覆土后地膜覆盖畦面保墒。大葱栽植多采取沟栽，沟内施肥松土，在沟内水插、干插或旱摆定植大葱。大葱定植后正值炎夏多雨季节，此期宁旱勿涝，雨后及时排水。生长期间追肥掌握前轻、中重、后补原则，有机肥与化肥结合，以氮肥为主，重施钾肥，兼顾磷肥；立秋、处暑两次追施攻叶肥，白露和秋分各追施1次发棵肥；霜降后不需要追肥，需要培土增加葱白长度，与追肥相结合。大葱常见病害主要有霜霉病、紫斑病、锈病等，防治病害首先要加强田间管理，合理密植，精选葱秧，合理灌水。常见虫害主要有葱蓟马、葱斑潜叶蝇、甜菜叶蛾、菜青虫等，虫害防治应注意根据害虫的生活习性和为害特点来施药，遵循农业防治、生物防治和化学防治相结合的原则。

山东省农业科学院蔬菜研究所长期从事大葱育种工作，育成了系列新品种。其中，"鲁葱杂5号"是棒状大葱类型，株高130cm左右，葱白长约50cm，单株重290g左右，较章丘大葱增产约8%，单产可达75 000kg/hm^2，生

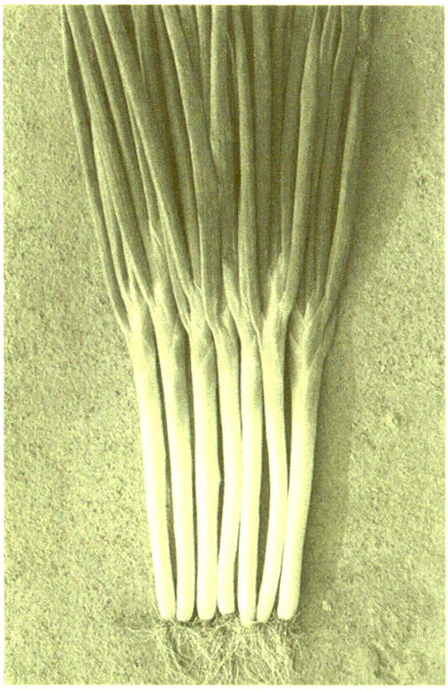

鲁葱杂5号

熟食皆宜，而且辛辣味较轻，吃起来脆甜，是蘸大酱的不二选择。“鲁秋葱1号”是出口保鲜大葱类型，葱白紧实，叶深绿色，株高约90cm，单株重约200g，单产90 000kg/hm^2，葱白紧实，风味非常浓郁，可以代替进口的刚葱品种，适合包饺子、熬制葱油等。

鲁秋葱1号

第四节　韭菜的“不老传说”

南宋诗人叶绍翁在《访隐者》一诗中写道：“历遍贵游无此味，韭和春雨笋和糟。”历经繁华，最难忘怀的却是春天里韭菜糟笋的田园美味。

韭菜又有壮阳草、懒人菜等别称，原产于我国，是一种非常古老的蔬菜，在我国已有3 000多年的栽培历史。《诗经》中有“四之日其蚤，献羔祭韭”的记载，那时的韭菜是少见的名贵蔬菜，仅在祭天祀地、供祖拜宗时出现。直到明清时期，韭菜作为祭祀用品的传统依旧盛行，《清史稿礼志》当中也有正月用韭菜进行祭祀的内容，其“剪而复生”的特性，寓意着生生不息、子孙昌盛的美好愿望。此外，韭菜独特的辛香气味，在古代更被视作能净化身心的“五荤”之一。李时珍在《本草纲目》中指出“五荤”也就是“五辛”，是五种带有辛辣等特殊气味的蔬菜，其中就有韭菜，人们相信它能祛除体内浊气，净化五脏六腑。汉朝时，更是出现了温室种植韭菜的技术，《汉书·召信臣传》当中记载当时贵族们命人冬季生火在室内种植韭菜以供食用，东汉的《说文解字》中对韭黄的记载，更是证明了古人对韭菜多样食用的探索。南朝周颙赞誉春韭为蔬中之冠，一句“春初早韭，秋末晚菘”，道出了早春韭菜的至臻风味。时至今日，韭菜已从古代的祭祀佳品，演变成为家家户户餐桌上的常客，从南国的闽粤到北疆的黑龙江，从东部的海滨到西部的青藏高原，韭菜的种植几乎遍布全国。

韭菜作为一种深受大众喜爱的功能性蔬菜，富含多种对人体健康有益的营养物质，如维生素A、维生素B_{12}、维生素C、维生素E及多种微量元素（如钙、铁、磷等）。韭菜有“洗肠草”之称，因为它富含膳食纤维，能够促进身体肠道蠕动、改善消化功能，而且对肠癌有一定的预防作用。韭菜中的挥发性精油及硫化物等特殊成分，不仅使韭菜拥有了独特的辛香气味，还有助于疏调肝气、增进食欲、促进消化，改善食欲不振、消化不良等问题。中医认为韭菜具有温中行气、散血解毒、保暖、健胃整肠的功效，对于反胃呕吐、消渴、鼻血、吐血、尿血、痔疮以及创伤瘀肿等不适症状，都能起到一定的缓解作用。韭菜叶和根还可以治疗腹痛、腹泻、吐血、蛇咬、哮喘，同时也具有散瘀、活血、止血、止泻补中、助肝通络等功效，适用于跌打损伤、噎嗝反胃等病症。民间还把韭菜叫做“起阳草”，这是因为韭菜中含有一些特殊的物质，如甾体皂苷、生物碱和酰胺等，具有固精、助阳、补肾的功能，对于某些男性健康问题有一定的辅助治疗作用。

田间韭菜

韭菜地

韭菜耐寒耐热，适应性超强，所以种类繁多，根据食用部分不同，大致可以分为根韭、叶韭、花韭和叶花兼用型四大类，还有一种是在冬天通过提高温度和遮光进行软化栽培得到的韭黄。先来说说根韭，这里指的是大叶韭菜、宽叶韭菜、山韭菜和鸡脚韭菜等，主要分布在云南、贵州、四川和西藏等地；根韭的根系粗壮，肉质化，带有独特的辛香味，可以做成盐渍菜或者煮着吃；它的花薹肥嫩，炒着吃特别香。叶韭的叶片宽厚，叶鞘粗大健壮，肉质细嫩，香味相对淡一些。花韭则是以收获花薹为主，主要分布在甘肃兰州、台湾和山东部分地区，叶片短小，质地粗硬，但是分蘖和抽薹能力都很强；花薹高而粗，品质脆嫩，吃起来像蒜薹一样，风味独特。叶花兼用型韭菜的叶片和花薹都发育得很好，皆可食用，是我国普遍种植的一种类型。

春日佳蔬韭为先，韭菜在经历了冬季的缓慢生长与养分积累后，迎来了它的最佳食用期，鲜嫩多汁，辛香不辣，营养丰富，口感极佳，被赞誉为“春天第一鲜”。韭菜炒鸡蛋，以新鲜的韭菜和嫩滑的鸡蛋为主要原料，通过简单的翻炒，韭菜的翠绿和鸡蛋的嫩黄，色彩鲜明，引发人的食欲。除了韭菜炒鸡蛋外，韭菜馅水饺和韭菜包子也是深受人们喜爱的传统美食，韭菜的鲜美包裹在面皮之中，无论是水煮还是蒸制，混合着面香与韭菜清香的味道，令人陶醉。此外，韭菜鸡蛋饼也是一道广受欢迎的早餐，煎制而成的鸡蛋饼，口感松软可口，色彩诱人，带来了满满的能量，为我们开启美好的一天。还有韭花酱，浓郁的香味使它成为火锅、豆腐脑及涮羊肉等美食的绝配。

大金钩

选择韭菜品种需要考虑地区、茬口和消费习惯。露地栽培宜选抗寒耐热性强、抗逆性强、分蘖能力强、商品性好的品种，如大金钩、独根红、汉中冬韭等；小拱棚覆盖栽培宜选耐寒、抗病、发棵早的品种，如平韭4号、冬青等；中拱棚宜选耐寒、抗病和高产品种，如早韭4号、冬韭4号等；日光温室栽培韭菜应选择浅休眠品种，如中华韭、平韭4号和杭州雪韭等。种植地块应土层深厚、有机质含量高、保水性好、肥沃且有灌溉条件。韭菜的播种时间一般从土壤解冻到秋分期间均可，春播一般从3月中下旬至5月上旬，秋播在8月上中旬至9月中旬。播种前需浸种催芽，选择沙质土壤苗床，施足肥料，深翻做平畦，按行距开沟播种，覆土后浇透水，苗期2~3个月，防治韭蛆。春季定植时间为5月中下旬和6月中下旬，定植后要“养根壮秧”，当年不收割。结合浇水进行施肥管理，夏季注意排水防涝；入秋后进入旺盛生长期，分期追肥浇水；当气温降至 5℃ 左右时浇“过冬水”，也叫“封冻水”，撒施草木灰，保护韭菜根系。韭菜生长期常见的病害有疫病、灰霉病、白粉病等，选择高效、低毒、低残留的新型杀菌剂交替用药。常见的虫害有韭蛆、蛴螬等，韭蛆严重为害韭菜的根系，可在冬天韭蛆幼虫期采取灌根的方式控制，一般使用辛硫磷药剂，通过科学种植和管理，可获得优质高产的韭菜。

第五节　“云裳仙子”百合

南北朝诗人萧察在《咏百合诗》中写道：“甘菊愧仙方，丛兰谢芳馥。”花园中，繁花争艳，甘菊、丛兰各展风姿，这时百合花悄然绽放，如同月下仙子轻舞降临，让甘菊不禁低头含羞，丛兰也暗暗收敛了芳香，仿佛都在为这百合花的绝美风姿而倾倒。

食用百合

百合原产于我国，从古至今别名甚多，有强蜀、番韭、山丹、倒仙、重迈、中庭、摩罗、重箱、中逢花、百合蒜、大师傅蒜、蒜脑薯、夜合花等，在我国久负盛名。我国不仅是野生百合资源最为丰富的国家，也是百合栽培与开发利用历史最为悠久的国家。早在先秦时期，便已认识到百合的药用价值，现存最早的中药学经典著作《神农本草经》中便有记载：“味甘平。主邪气腹胀心痛，利大小便，补中益气。生川谷。”至两宋时期，梁宣帝更以诗篇赞誉百合，形容其“千枝繁花，异彩纷呈”，并赞颂其超凡脱俗、含蓄微妙的品格。6—7 世纪的《千金翼方》中便已详细记载了百合的栽培方法“擘取瓣于畦中种，如蒜法。”百合花传入世界各国后，深受大众喜爱，720 年，日本人民曾将百合花作为贡品献给天皇。12 世纪，智利和法国更将百合花作为国徽图案，激励民众为民族独立和经济繁荣而奋斗。随着时代的发展，欧美园艺专家过杂交育种，成功培育出一批名为“金百合”的新品种，打破了我国百合一茎一朵、单纯白色的传统形象，呈现出一茎多朵、花色丰富多样的新面貌，极大地丰富了百合的观赏性。

百合具有传统中草药和食材的双重特性，使它自古以来都被当作珍贵的药膳材料，贯穿于我国的饮食和医学领域。《本草纲目》中记载了百合“养阴润肺”“清心安神”以及“益气养血”等多种保健良效，常被用于制作如百合煎、百合丸等方剂，以调和人体阴阳、增强体质，特别是其清肺化痰、止咳安神的效果，对于改善肺部和心脏健康、缓解失眠症状等方面表现出显著疗效。百合富含多种维生素，如维生素 B_1、维生素 B_2、维生素 C 等以及钙、磷、钾、镁、铁、锌和硒等多种矿物质，特别是其较高的纤维含量，有助于促进肠道蠕动，预防便秘，并降低胆固醇水平。百合还含有丰富的多元生物碱，能有效预防白细胞减少，提升血液细胞的活力，对肿瘤的预防和治疗有一定的作用。百合还具有美容护肤的功效，其质地鲜嫩，蕴含丰富的黏液与维生素，对皮肤细胞新陈代谢有益，常食用百合有助于保持皮肤细嫩且富有弹性，从而起到美容养颜的作用。

市场上常见的食用百合品种主要有兰州百合、龙山百合和宜兴百合。兰州百合源自川百合的变种，属于山丹类别（亚洲百合系列），肉质丰盈，色泽雪白，口感甘甜，果实大，纤维少，是烹饪中常见食材。经典的百合炖鸡和百合蒸肉，将百合的丝滑口感与鸡肉、猪肉的鲜美相结合，美味与滋养效果并存。此外，兰州百合是我国唯一可食用的甜百合，可以用于制作百合糕、百合饼等甜品。龙山百合，又称“龙牙百合”，生长于湖南龙山山区，鳞茎硕大，花瓣修长，肉质丰满，因形状酷似龙牙而得名。龙山山区的百合，富含淀粉，产量可观，在特有的生长条件下，拥有更为馥郁的芳香和更为诱人的风味，在湖南，龙山百合常用于制作百合粥、百合糖水等传统甜品，不仅口感香甜，更兼备美容养颜的保健作用。宜兴百合是江苏宜兴的特产，肉质细嫩、口感滑润，有“太湖之参”的美誉。在江苏地区，人们喜欢以宜兴百合为原料烹制百合炒虾仁和百合炖排骨等美食，特别是百合与燕窝、银耳等食材的组合，融合了燕窝的滋养精华和百合的清甜风味，更能突显其独特风味及卓越的滋养功效。

百合主要在 10 月底至 12 月初种植，种植前需均匀施用腐熟农家肥并深翻土壤，使用 KG 型多菌灵可湿性粉剂进行拌种，均匀分布在预设的畦面上，芽尖朝上，根部向下摆放。播种后，挖掘沟槽，土壤翻覆到种球上方，覆盖 4~6cm 厚的土层，形成独特的龟背形构造，挖设沟渠排水。为促进鳞茎生长，幼苗出土前需施加钾明矾或铵明矾溶液，每 7~10d 灌溉 1 次，5 月中下旬和 6 月中下旬，分别施加鳞茎肥。百合定期松土排水，适时施肥，并防治病虫害。百合主要病害有炭疽病、灰霉病、立枯病等侵染性病害，甲基硫菌灵和咪鲜胺可用于预防百合炭疽病和灰霉病的发生，遭遇立枯病时，推荐使用波尔多液或80%代森锰锌进行喷洒防治，每 7～10d 实施 1 次，连续喷施 3～4 次。百合最佳收获时间为 10 月底至 11 月中下旬，此阶段口感最为上乘。

第五章

清雅菊梨香——蔬菜中的清新佳人

第一节　“千金菜”莴笋

宋代诗人姜特立在《菘苣初冬稍茂喜而有作》一诗中写道：“紫苣生春荑，助我作汤饼。”阳光透过稀疏的云层，洒落在绿意葱茏的菜园上，紫苣顶端，嫩绿的新叶如同点点翠绿的珍珠，晶莹剔透，闪烁着生命的光芒。

莴笋也被称为莴苣笋、青笋等，起源于6 000年前的高加索地区，那时的人们开始从野生莴苣中选育出适合获取植物油的品种。而在公元前 3000 年，古埃及人开始种植莴苣，并将其视为重要的蔬菜来源。随后，古希腊与古罗马人进一步培育，通过选择叶片更大、更嫩的植株，成功将其从主要用于榨油的种子作物，驯化为今天我们所熟知的叶菜类蔬菜。随着时间的推移，莴苣的种植逐渐向欧洲、亚洲和美洲等地传播，人们逐渐发现了莴苣的不同品种和用途，其中就包括了莴笋这一变种。关于莴笋在我国的具体传入时间，历史上存在多种说法。宋代陶谷所著《清异录》中记载：“呙国使者来汉，隋人求得菜种，酬之甚厚，故名千金菜，今莴苣也。”这种观点认为莴笋是在隋朝时期由呙国（可能是古代的阿富汗或日本）传入我国。另一个观点认为莴笋在我国的传入时间可能更早，东晋时期葛洪所著的《肘后备急方》中有关于莴苣的记载，这表明在东晋时期，莴苣可能已经在我国出现。到了北宋时期，莴笋已经在我国广泛种植和食用，孟元老所著的《东京梦华录》中明确记载了在当时已经出现了茎用的莴笋，也是从这一时期开始，莴笋逐渐成为日常饮食中的重要组成部分。如今，我国莴笋的种植面积已超过 10 万 hm^2，年产量达到1 000万 t 以上。

莴笋也是一种低热量、高纤维的蔬菜，富含维生素 C、维生素 E 及多种 B 族维生素，对于维持皮肤健康、增强免疫力及促进新陈代谢至关重要。莴笋还富含钾、钙、铁、锌、镁等多种矿物质，其中钾的含量较高，有助于降低血压，预防心血管疾病。莴笋中的膳食纤维含量也十分丰富，有助于促进肠道蠕动，帮助消化，预防便秘和肠道疾病。另外，莴笋中所含的维生素 E 和一些抗氧化物质如类胡萝卜素和花青素，能够有效抵抗自由基的侵害，延缓衰老，保持皮肤健康以及预防慢性疾病。《本草纲目》称莴笋为“千金菜”，具有通乳汁、利小便、杀虫蛇毒等功效，在中医看来莴笋味苦、性寒，能够入胃、肝、肾经，利五脏、通经脉、开胸膈，有助于改善身体的内循环和代谢功能。

莴笋

在炎炎夏日，常吃莴笋还能够帮助我们清热解毒，去除体内的燥热，对肝火旺盛有一定的调理作用。此外还能够促进尿液的排泄，缓解排尿不畅的问题，对于产后乳汁不通的产妇来说，也是一种很好的辅助食材。对于糖尿病患者，莴笋中的烟酸，被称为胰岛素的激活剂，可以提高人体的血糖代谢能力，有助于糖尿病患者改善糖代谢功能。莴笋茎和叶中的乳状汁液含有的苦苣素，为其带来独特口感的同时，还具有催眠和镇痛的药理作用，所以买莴笋不吃叶子的话，那可真是“亏大了”。

莴笋脆嫩可口，是夏日清凉佳品。莴笋凉拌木耳，莴笋丝与木耳的爽滑相结合，佐以蒜末、香醋与少许辣椒油，酸辣爽口，解暑开胃。莴笋炒肉丝，鲜嫩的莴笋和猪肉丝在快火翻炒间，色香味俱全。此外，莴笋炖排骨汤更是家常美味，莴笋的清新融入浓郁的骨汤中，既去油腻又增香，一碗热汤下肚，暖身又暖心。莴笋叶也不可浪费，可以制作莴笋叶煎饼，外酥里嫩，既美观又营养。

莴笋作为一种适应性强的蔬菜，可以在不同季节进行栽培，主要分为春莴笋、夏莴笋、秋莴笋和冬莴笋，为了确保莴笋的高产和优质，科学的栽培管理技术至关重要。华南地区以冬莴笋为主，播种期在10月至翌年2月。育苗移栽，苗龄约30d，具有4~5片真叶时，选择有机质丰富、保水保肥的地块，深翻土

莴笋种子

莴笋尖

壤，整地作畦，深沟高畦定植，并施氮、磷、钾全肥。定植后 3~7d 查苗补苗，缓苗后淋水并结合淋水施少量速效氮肥，然后中耕、除草、蹲苗。叶片长至 16~17 片、茎部膨大时，追肥淋水，促进肉质茎快速肥大；每 3~5d 淋水 1 次，追肥 2~3 次，主要以氮钾肥为主；采收前 1 周停止浇水和追肥以防茎开裂。

第二节 “减肥天菜”生菜

“莼丝滑似玉，菜白肥如羖。”叶片触感细腻，光泽温润，如同精心打磨的玉石，厚实丰腴，每一片都蕴含着饱满的汁液与鲜美的滋味。

生菜是叶用莴苣的俗称，因适宜生食而得名，原产地是欧洲地中海沿岸，被古埃及人驯化后传入欧洲，并经过逐渐选育形成了当今具有丰富农艺性状的多种栽培品种。生菜在传入我国后，演变出了叶用莴苣（油麦菜）和茎用莴苣（莴笋），营养丰富，口感脆嫩，不仅是西餐的必需蔬菜，也逐渐成为我国家庭餐桌上的常见菜品。

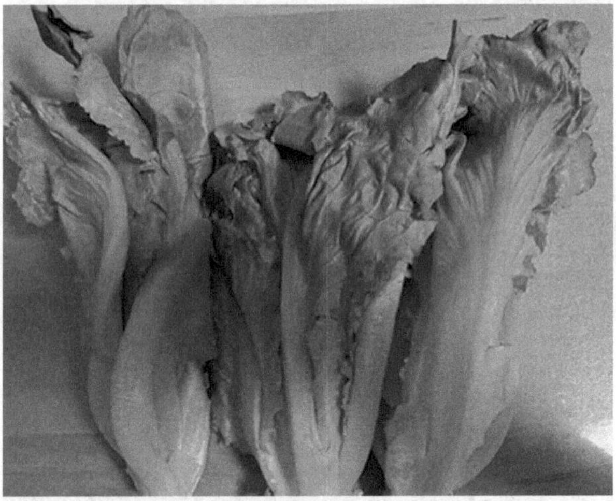

生菜

生菜清新爽口，而且低卡路里、高纤维、高水分，简直就是减肥人士和健身达人的“天菜”，富含维生素 K、维生素 C、叶酸以及钾、镁、钙等多种矿物质。其中，维生素 K 不仅有助于凝血，还能维持骨骼健康，预防骨质疏松，使我们的骨骼更加坚固，不容易受伤。维生素 C 则可以增强免疫力，能够抵抗外界病原体的侵袭。叶酸则是一种重要的水溶性维生素，对细胞分裂和增长起着重要作用，特别是对孕妇来说，补充叶酸能有效预防胎儿神经管缺陷。除了这些维生素外，生菜还富含膳食纤维，它能够促进肠道蠕动，帮助消化，还能降低胆固醇水平，保护心血管健康。此外，生菜中还含有类黄酮、多酚和类胡萝卜素等抗氧化物质，有助于对抗自由基，保护细胞免受损伤，从而延缓衰老。生菜里还含有一种叫莴苣素的成分，这种成分具有镇静催眠的作用，帮助我们改善睡眠质量，还能稳定情绪，对于治疗神经衰弱也有一定的辅助作用。而且生菜中的干扰素诱生剂可以刺激人体产生干扰素，这是一种重要的抗病毒物质，在流感季节或病毒高发期，适量食用生菜可能有助于增强身体的抵抗力，预防病毒感染。在中医理论中，生菜是性凉味甘的蔬菜，能够疏通体内经脉、增强脾胃功能，对维护五脏的健康大有作用，还能帮助开阔胸膈，让气息更加顺畅。由于生菜性质偏凉，因此还有清热降火、安神助眠的效果，能有效缓解心烦意乱、失眠以及神经衰弱等状况。

商品生菜

生菜以它清脆的口感和清新的味道，成为许多健康饮食者的首选。生菜沙拉，轻盈爽口，既可作为开胃前菜，也可作为减肥餐的主打菜，生菜叶搭配上色彩缤纷的樱桃番茄、黄瓜片、红椒丝，再淋上特制的橄榄油和柠檬汁，或是低脂酸奶酱，简单几步便能成就一盘色香味俱全的佳肴。蚝油生菜，则是一道展现生菜清甜本味的经典中式菜肴，生菜快速焯水，浇上由蚝油、生抽、蒜末和少量糖调制而成的浓郁酱汁，既保留了生菜的原汁原味，又增添了蚝油的鲜香。此外，生菜在各类卷饼、三明治、烤肉、包饭中也是不可或缺的配角。

生菜春秋两茬栽培，春播 2—3 月、5—6 月采收；秋播 8 月、9—10 月采收。一般采用育苗移栽，种子温汤浸种 12h 后，5 ~ 6℃ 低温催芽。选择肥力好的土壤，整地施肥，土壤深翻后耙平。幼苗 4 ~ 5 片真叶时进行移栽定植，每 5 ~ 7d 浇水 1 次，生长旺季时需水量较多，须保持土壤湿润。叶球形成后控制浇水；夏季注意排水，定植缓苗后，及时中耕除草；结球期，浇水时追施 1 次氮肥，15 ~ 20d 后追施氮磷钾复合肥；心叶卷曲时，再次追施复合肥。生菜的主要病害有霜霉病、软腐病、病毒病等，霜霉病可用克露 800 倍液或杀毒矾 400 倍液进行防治；软腐病可用可杀得 800 倍液或农用链霉素 3 000 倍液进行防治。虫害有潜叶蝇、白粉虱、蚜虫、蓟马等。

第三节　“蔬中凤尾”油麦菜

“油麦新抽嫩叶长，青青郁郁满园香。”春日的菜园里，油麦菜正蓬勃生长，将菜园装点的郁郁葱葱，其特有的芬芳，随风轻轻飘散，弥漫在整个园子中，让人心旷神怡。

油麦菜起源于地中海沿岸地区，大约在 5 世纪，随丝绸之路传入我国，也被称作莜麦菜、苦菜等，与莴笋等蔬菜有一定的相似之处，是叶用莴苣的一个变种（长叶莴苣），与人们熟悉的生菜相近。油麦菜叶片修长如披针形，因其外形似凤尾，素有“凤尾”的美誉，其色泽淡绿，质地脆嫩，口感鲜嫩清香，凭借独特的风味，逐渐遍布全国，成为广受人们喜爱的绿色蔬菜。

油麦菜的营养价值可是极为丰富，是一种非常健康的蔬菜。它富含维生素 C，每 100g 油麦菜中维生素 C 的含量有 46 mg 左右，可增强人体抵抗力和促进新陈代谢。此外，油麦菜还含有丰富的胡萝卜素，它是维生素 A 的前体——β-胡萝卜素，对维持视觉功能至关重要，能预防夜盲症，保护视网膜健康，让眼睛更加明亮，还能维护皮肤健康，对皮肤有一定的滋养作用，使其保持光滑细腻。叶绿素，虽然是油麦菜绿色的来源，但也是人体健康的守护者，它不仅具有强大的抗氧化能力，能抵御外界环境对细胞的伤害，还参与体内能量代谢，促进身体排毒，有助于维持内环境的清洁与平衡。铁元素与钙元素的丰富含量，使得油麦菜对于防止贫血、增强免疫系统和维持健康的骨骼和

商品油麦菜

牙齿都非常有益。在中医理论中，油麦菜性寒冷，能清热利尿，帮助身体排除多余热量和湿气，对于缓解因暑热引起的上火、口腔溃疡等症状尤为有效，适合春夏季食用。油麦菜对消化系统也有益处，它能促进消化液分泌，增强脾胃功能，有助于食物的消化吸收。特别是对于胆汁淤积、肝硬化等问题，油麦菜中的有效成分能促进胆汁形成与排出，起到辅助治疗的作用。此外，油麦菜中的莴苣素，具有镇静安神的功效，对于缓解神经紧张、改善睡眠质量有着积极作用，有助于调和心神，缓解因情志不畅引起的各种不适。油麦菜还含有甘露醇等成分，有利尿和促进血液循环的作用，常吃油麦菜可促进排尿，减少心房和肾脏的压力，对高血压以及心脏病患者有一定的帮助。油麦菜中大量的膳食纤维，食用后饱腹感较强，促进肠道蠕动，帮助消化，想要减肥或保持身材的朋友，多吃油麦菜是个不错的选择。

油麦菜以其鲜嫩的叶片和清新的口感著称，其中豆豉油麦菜便是一道广受欢迎的经典菜肴，这道菜巧妙地将油麦菜的清脆与豆豉的醇厚相结合，创造出令人难以忘怀的美味。此外，油麦菜还常被用于凉拌、清炒或是作为火锅的涮菜，每种做法都能展现出它不同的风味魅力。凉拌时，搭配蒜末、醋、辣椒油等调料，酸辣爽口，开胃解腻；清炒则保留了油麦菜的原汁原味，简单调味即可凸显其清新自然；而作为火锅涮菜，油麦菜在滚烫的汤底中轻轻一涮，吸满了鲜美的汤汁，是许多火锅爱好者的心头好。

油麦菜的种植大致分为3个时期。春播1—3月，棚内育苗，注意地膜的揭盖，保证温度；夏播4—6月，露地育苗，高温干旱时应注意补水，覆盖遮阳网遮阴；秋播7—9月，棚内育苗。育苗前浸种催芽，种子露白后播种。幼苗2~3片真叶、苗高3~4cm时移栽。种植施基肥，有机肥和无机肥混合施用；生长期多次追肥，初期（幼苗期和生长初期）施氮肥，促进植物的生长和根系发育；中后期追施磷钾肥增强抗病能力和提高品质。油麦菜需要充足水分保持叶片生长，保持土壤湿度在60%左右较为适宜，移栽后10d左右浇1次缓苗水，之后适时浇水。虫害主要是蚜虫，可用50%抗蚜威可湿性粉剂1 000倍液喷施。

第四节　“红嘴绿鹦哥”菠菜

宋代诗人苏轼在《春菜》一诗中写道：“北方苦寒今未已，雪底菠菱如铁甲。”皑皑白雪覆盖之下，菠菜被严寒雕琢成了坚不可摧的铁甲，静静地躺在雪地中，等待着春天的到来。

菠菜起源于2 000多年前西亚的古波斯国，在11世纪传入西班牙，随后在欧洲各国逐渐普及，唐朝时由尼泊尔人作为贡品传到我国。李时珍所著的《本草纲目·菜部》中，对菠菜有着详尽的记载：“菠菜、波斯草、赤根菜。冷、滑、无毒。”这是我国关于菠菜名字最早的正式记载，菠菜又名波斯菜、赤根菜、鹦鹉菜等，闽南语、粤语至今还保留着菠薐菜的叫法。到了宋代，菠菜已在我国广泛栽培，成为寻常百姓餐桌上的佳肴。民间还流传着一段佳话，清代乾隆皇帝在江南微服私访时，偶然品尝到一道美味菜肴，回宫后，他念念不忘，命御厨复刻此菜，并赐名“金镶白玉板，红嘴绿鹦哥”，这实则是“菠菜烧豆腐”的美名。

菠菜是矿物质含量极为丰富的一种蔬菜，富含钙、磷、铁等矿物质。特别是钙含量，每100g菠菜中含有103mg的钙，对于骨骼健康、血液生成以及身体机能的正常运作都起着至关重要的作用。胡萝卜素的含量高达3.87mg，这一数值甚至比富含胡萝卜素的黄色胡萝卜还要高一些，是红色胡萝卜的2.87倍，对于保护视力、预防夜盲症有显著效果。值得一提的是，菠菜中的叶酸含

霜打菠菜

量非常高，叶酸也称为蝶酰谷氨酸，是一种水溶性维生素，对于孕妇来说尤为重要，因为它能有效预防胎儿神经管缺陷，叶酸还参与血红蛋白的合成，对预防贫血有积极的作用。此外，菠菜中的钾元素含量也相当可观，钾对于维持心脏的正常功能和血压的稳定是至关重要的。除了作为营养丰富的食物来源外，菠菜还具有一定的药用价值，中医认为菠菜性凉、味甘，具有养血、止血、敛阴、润燥的功效，被广泛用于治疗多种症状，如便血、消渴和便秘。现代医学研究菠菜中含有的硝酸盐，经过人体摄入后可以转化为一氧化氮，有助于扩张血管、降低血压，对高血压患者具有辅助治疗作用。

然而，需要注意的是，菠菜中含有一定量的草酸，过量摄入可能会影响钙的吸收和利用，甚至导致结石的形成。通过一些烹饪小技巧，如先用开水快速焯一下菠菜，就能有效降低草酸的“威力”，这样，菠菜里的营养就能更好地被我们吸收。凉拌菠菜，一道清爽佳肴，菠菜洗净焯水后，以蒜末、香油、醋、少许盐和糖调味，简单拌合即可上桌，口感爽滑，酸甜适中，既开胃又解腻。菠菜猪肝粥，则是一道滋补养生的好选择，猪肝富含铁质和维生素 A，与菠菜中的叶酸、维生素 C 相得益彰，共同促进铁质的吸收，粥稠味美，一碗下肚，暖身又暖心。此外，还有川菜中的“菠菜牛肉卷”，粤菜里的“上汤菠菜”，更有菠菜面、菠菜饺子等创新吃法，将菠菜的绿色健康融入了日常饮食的每一个角落。

菠菜偏好冷凉的气候，能长期忍耐 0℃以下的低温，甚至在-8～-6℃的温度下也能稳定生长，因此在长江流域可自然露地越冬，华北地区需要采取适当的覆盖或风障保护措施越冬。菠菜一年四季均可种植，常见的播种期分为春秋两季，春季 5—7 月，秋季 10—11 月，进行越冬栽培。选择土壤肥力足、土质疏松、排水透气性好的地块，施足底肥，翻匀后整地作畦。播种前催芽处理，最低发芽温度为4℃，最适宜的发芽温度在15～20℃，种子露出嫩芽后可进行播种，一般采用撒播，播后用草席等加以覆盖。出苗后揭掉覆盖物，视密度稀苗，3片真叶时应及时间苗，除草追肥。菠菜在生长过程中对水分的需求量较大，空气湿度80%～90%、土壤湿度70%～80%时，菠菜生长最为旺盛。菠菜对酸性土壤的适应性较弱，需施用石灰或草木灰中和，最适宜的土壤酸碱度一般维持在pH值6~7。此外，菠菜在生长过程中需要大量的营养物质，以氮肥为主，其次是钾肥和磷肥。生长状态良好的菠菜一般50d左右即可进行采收，可分批采收，挑选植株大、生长密的进行采收，同时及时去掉病叶、黄叶。采收后应及时进行1次追肥，随水追施。

第六章

缤纷彩蔬绘——蔬菜中的风华绝代

第一节　“东方小人参”胡萝卜

清代乾隆皇帝曾在《题沈周写生二十四种　其十四　胡萝卜》一诗中写道：“爱此珊瑚箸，堪登白玉盘。可蔬亦可果，宜脆复宜乾。”胡萝卜如同珊瑚般色泽鲜艳，仿佛是大自然精心雕琢的艺术品，当它静静地躺在洁白如玉的盘子上时，更显得高贵而典雅。它既可以作为蔬菜来烹饪，也可以像水果一样直接品尝，鲜食脆嫩多吃，晒干后也别有一番风味。

深橙色胡萝卜

李时珍在《本草纲目》中记载：“元时始自胡地来，气味微似萝卜，故名。”在我国古代，“胡人”与“胡地”指代的是北方的西域民族及其居住地，因此，这种从西域远道而来又形似萝卜的植物，便被赋予了“胡萝卜”的名字。胡萝卜，又称为甘荀、红萝卜、黄萝卜、丁香萝卜等，起源于亚洲西南部，以阿富汗紫色胡萝卜为最早的演化中心，栽培历史已逾2 000年之久。在10世纪，经过驯化的胡萝卜从伊朗传入欧洲大陆，11世纪扩展到了中东与北非，12世纪到了西班牙，13世纪胡萝卜已传入我国，随后14世纪的西北欧，15世纪的英国，直至16世纪，跨越重洋到了遥远的美洲大陆。与此同时，日本也在同一时期，从我国引入了胡萝卜。如今胡萝卜已遍布全球，以其独特的口感和丰富的营养价值，赢得了全世界人民的喜爱。在我国，胡萝卜的引入历程也是充满了传奇色彩。在汉武帝时期，伴随着张骞开辟的丝绸之路，紫色胡萝卜首次踏上中华大地。然而，因其外观平平且带有特殊气味，当时的人们对其并不感兴趣。直到千年后的宋元时期，胡萝卜再次沿着丝绸之路重返我国，人们才开始对其重视起来。人们认可了胡萝卜的药用和食用价值，将其列入药典和农书中，并在栽培种植过程中逐步演变成了适合我国土壤和气候的长根形生态型。

胡萝卜，自古以来就有“小人参”的美誉，是一种菜药兼用的蔬菜，营养价值很高。它富含胡萝卜素、钙、磷、铁等矿物质，其中胡萝卜素主要包括α-胡萝卜素和β-胡萝卜素，具有较高的抗氧化活性，能够有效增强人体免疫力。尤为值得一提的是，人体对胡萝卜中的钙吸收率很高，仅次于牛奶，是很好的补钙食品。科学研究还证实，经常食用胡萝卜有助于预防心脏疾病和肿瘤。胡萝卜性味甘、辛、微温，不仅能够健脾化湿、下气补中，还对腹泻、夜盲有治疗功效。胡萝卜内含的槲皮素，能够促进维生素 C 的吸收，改善微血管功能，具有降压强心的效能。胡萝卜中的绿原酸、咖啡酸、没食子酸及对羟基苯甲酸等成分，不仅具有杀菌作用，还能明目健脾，化滞消积。胡萝卜还具有一定的防癌抗癌作用，能遏制乳腺癌细胞的生长，其富含的叶酸，是 B 族维生素的一种，具有抗癌作用。胡萝卜中的木质素，也有提高机体抗癌免疫力的功用。胡萝卜中的果胶酸钙能将体内的亚硝酸、环芳烃等致癌物裹牢排出体外，所以还具有一定的排毒功效。

胡萝卜的实用价值广泛，是蔬菜界的“全能选手”，根据它的不同用途，可以分为四大类型。生熟食兼用型，大小适中，肉质紧实又脆嫩，颜色鲜艳，如橙黄或深橙色，富含胡萝卜素和维生素。生吃时，口感清脆，甜度刚刚好，常被用于作沙拉和凉拌菜；熟食的话，则口感变得更加软糯，适合炖煮、蒸煮或炒菜。水果型胡萝卜，顾名思义，是可以直接当作水果来生吃的品种，这类胡萝卜小巧可爱，外皮光滑，颜色亮丽，口感就像水果一样甜脆多汁，几乎没有什么苦涩味，非常适合作为零食或餐后甜点，真是健康又美味。加工型胡萝卜，是食品加工行业的“宠儿”，它们产量稳定，大小均匀，且耐储存，在加工过程中也能保持好看的形态和颜色，适合制作胡萝卜汁、胡萝卜粉、胡萝卜干、胡萝卜泥等各种深加工产品。饲用型胡萝卜主要用于畜牧业，为动物提供丰富的营养，这类胡萝卜通常长得快，产量高，且富含胡萝卜素、矿物质和维生素等营养成分，有助于提升动物的消化能力和健康状况，是牛、羊等家畜的最爱。

冬日里，最朴素的幸福莫过于一碗热腾腾的胡萝卜炖羊肉，胡萝卜吸收了肉汁的精华，变得更加软糯可口，热气腾腾又香气扑鼻。夏日里的胡萝卜丝凉拌菜，清脆爽口，既解腻又开胃。对于烹饪小白而言，胡萝卜丁炒饭是一个友好的开始，金黄的胡萝卜丁、香嫩的鸡蛋以及粒粒分明的米饭，简单调味便能激发出食材本身的美味，既方便快捷，又不失营养与风味。另外，胡萝卜泥是许多西式料理中许多酱汁和汤底的秘密武器，能为酱汁增添自然的甜味与丰富的色彩。而胡萝卜汁，早已是健康饮食潮流中的明星产品，清晨一杯新鲜的胡萝卜汁，不仅能够迅速补充夜间流失的水分，还能提供丰富的营养。

橙黄色胡萝卜

胡萝卜是半耐寒性长日照植物，最适发芽温度为 20~25℃，目前主要的栽培季节为秋季和春季。我国大部分地区胡萝卜栽培都是秋季露地栽培，夏秋播种，初冬收获。一般在长江中下游地区，秋季露地胡萝卜播期最好在 7 月中旬至 8 月初，华南地区可延迟到 10 月中下旬，高寒地区则提前至 6 月中旬至 7 月上旬。土壤应选择地势高燥、土层深厚、土质疏松、保水能力强、排水良好、富含有机质的沙壤土或壤土，播种前整地深耕细作，施足基肥，平畦或起垄栽培。播种通常采用条播，优质种子可采用穴播或编绳播种，保持土壤湿润。幼苗期需水量不大，要酌量浇水和雨后排涝；生长盛期，肉质根生长量较小，应控制浇水，防止叶部徒长；苗龄达到 40~60d 时，及时追肥，以氮肥为主；肉质根膨大期是需肥需水最多的时期，要及时灌水追肥，以速效性肥料为好。春季露地胡萝卜栽培属于反季节栽培，近年来栽培面积逐渐增加，宜选用冬性强、不易先期抽薹、抗病的早熟或中熟品种。在 3 月中旬开始播种，覆地膜提高地温和保湿；春播胡萝卜生育期较短，肉质根膨大期追肥 1~2 次，播后 90~110d 可进行采收。

第二节　“养生界扛把子”生姜

宋代诗人谢枋得在《谢惠椒酱等物》一诗中写道：“堇荼易地味不甘，姜桂到老性愈辣。”姜和肉桂是两种以其辛辣味著称的植物，随着它们的生长和成熟，愈发显得辛辣和坚韧，象征着坚韧、持久和历久弥坚的精神。

生姜栽培历史可追溯至2 500多年前，种植区域广泛，不仅覆盖了热带、亚热带、暖温带 3 个温度带，还成了除寒冷高原地区外全球多地的重要农作物。我国、印度、印度尼西亚等国家作为生姜的主要生产国，其栽培面积及总产量占全世界的90%以上。关于生姜的起源，尽管至今仍无确凿定论，但多数观点倾向于其原产于亚洲较为温暖的山区。目前存在 3 种推论：一是认为生姜起源于我国古代的黄河流域与长江流域，这里肥沃的土地和适宜的气候为生姜的最初驯化提供了条件；二是认为生姜起源于我国云贵及西部高原地区，这些地区丰富的生物多样性可能为生姜的演化提供了独特的生态环境；三是认为生姜起源于印度和马来半岛，这一地区温暖湿润的气候适宜生姜的生长。尽管具体原产地尚存争议，但广义而言，生姜起源于亚洲的热带及亚热带地区已成为广泛共识。在我国，生姜的栽培历史尤为悠久，且地域分布广泛。早在春秋时期的文献中，就已有了关于生姜的记载。《论语 · 乡党》中孔子有云：“不撤姜食，不多食。”说每次吃饭，他都要吃姜，但是每顿都不多吃，反映了生姜在当时人们饮食中的重要地位，也侧面证明了其栽培的普遍性。随着时代的发展，生姜不仅在饮食上扮演重要角色，还逐渐被应用于医药领域，《神农本草经》将其列为中品，详细记载了生姜的性味与主治功效，进一步提升了生姜的社会价值。

至北魏末年，贾思勰在《齐民要术》中首次系统记载了生姜的种植方法，包括土壤选择、耕作技巧、种植密度、覆盖保护及收获储存等。一直到了明朝时期，王象晋则在前人基础上，对生姜进行了全面的总结，包括其生长特性、药用价值及食用禁忌等，展现了生姜知识的系统化与深化。至清代，生姜的种植规模和种植面积进一步扩大，成为山东、河南、浙江等地的著名特产，特别是在山东莱芜等地，光绪年间的《乡土志》明确记载生姜为当地主要物产之一，且已被作为征税对象，说明当时生姜种植已具有一定的经济价值和产业规模。近现代以来，随着农业科技的进步和全球化进程的加速推进，生姜的种植和加工技术得到了进一步提升和普及，品种也日益丰富多样，成了烹饪和食品加工中不可或缺的调味食品。

田间生姜

生姜除了它独特的味道和独特魅力外，还具有丰富的营养价值和保健作用。其营养成分十分丰富，富含铁、钾、钠、钙、磷、锌等多种矿物质以及维生素 A、维生素 C、维生素 B_6 等维生素，能够提升血液的氧合能力，确保电解质平衡，促进骨骼健康发育。更重要的是，它还能帮助我们缓解腹胀、腹泻等肠胃问题，甚至在预防心血管疾病方面也发挥着积极的作用。生姜的药用价值同样让人惊讶，生姜的根茎（干姜）、栓皮（姜皮）、叶（姜叶），甚至种子均可入药。它的药用价值主要来源于辛辣的味道和成分，包括姜辣素、姜油、姜酚、姜烯等，这些成分不仅能够刺激我们的血液循环，还具有消炎、抗氧化、抗肿瘤等多重功效。生姜的根部，也就是我们常说的姜，具有解表散寒、温中止呕、化痰止咳的作用，当体感寒意，或者有感冒迹象时，一杯热腾腾的生姜红糖水，能帮助驱散体内的寒气。而生姜的叶子，能治疗因受寒引起的头痛和恶寒。生姜的种子，则对胃寒引起的疼痛和呕吐有着显著的疗效。在日常生活中，生姜的用途更是多种多样，炖汤时加入生姜，让汤的味道更加鲜美的同时，还能起到温中的作用；炒菜时加入生姜，不仅能增加食欲，还能

采收的生姜

让菜的味道更加层次分明；生姜切片外敷，对跌打损伤也能起到一定的治疗效果。

常见的生姜包括印度生姜、中国生姜、野生生姜、指天椒姜、沙拉姜五大类型。印度生姜源自热带地区的印度，风味浓郁，有强烈的辛辣味，外皮多为淡黄色，肉质饱满，富含精油，适合炖煮、烧烤以及制作咖喱，它还是传统医学中的宝贵药材，有助于驱寒暖胃和促进消化。中国生姜是我国不可或缺的调味料，外皮多为土黄色，肉质细嫩，辣味适中，易于烹饪，无论是炒菜、炖汤、腌制还是制作酱料，都能见到它的身影，几乎出现在所有菜系中，是提升菜肴风味的关键。野生生姜生长在自然环境中，形态各异，外皮粗糙，它含有丰富的精油，味道独特且辛辣，带有一种野性的风味，因其独特的药理作用，常被用于药用，尤其在治疗风寒感冒和胃痛等方面有一定效果。指天椒姜，因其细长的形状和指向天空的生长方式而得名，它的外皮颜色鲜艳，肉质紧实，

小姜

具有强烈的辣味，常被用于制作辣味菜肴，如泡菜、辣酱等。沙拉姜则外皮较薄、肉质脆嫩，它的颜色偏白，带有淡淡的清香，沙拉姜的味道相对温和，带有一丝甘甜，非常适合生食，主要用于制作沙拉、凉拌菜或作为腌制品的调料，能够增添菜肴的清新口感。

生姜作为调料在我国的饮食文化中占有重要的地位，甚至在甜品界也是大放异彩。姜汁撞奶，便是生姜与甜品完美融合的代表，当温热的牛奶缓缓倒入新鲜的姜汁中，两者相遇的瞬间，牛奶便渐渐凝固，姜的辛辣与奶的香甜在舌尖交织，既刺激又温和，口感丰富，美味又特别。还有姜汁汤圆，汤圆煮熟后，淋上一勺浓郁的姜汁，辛辣与甜蜜的结合，不仅暖胃更暖心。

生姜比较喜欢温暖湿润的环境以及疏松肥沃的土壤，最适生长温度为25℃，一般在4月底5月初种植。种植前土壤深翻晒垡，耙细作畦，较大姜块先切成小块，伤口要用石灰消毒，先进行催芽。发芽后的姜块直接种植在土里，施腐熟的有机肥和复合肥，配合浇水。生姜生长过程中需要分阶段追肥，6月中下旬和9月前后为施肥关键期，氮磷钾等元素配合施用。浇水最好选择傍晚进行，做到浇则浇透，生长比较旺盛时候，每隔5d浇一次水；采收之前，每隔3d再浇一次水。生姜的主要病害有姜瘟、叶枯病等，姜瘟由细菌引起，防治以预防为主，选择无病的种姜，做好消毒，加强水分管理。主要虫害有条螟、曲条跳甲等，以药剂防治为主，可用敌百虫、杀虫威等药剂进行防治。

第三节　“莓心莓肺”草莓

“果甜酥心醉，香远风亦芬。”熟透了的草莓，红艳艳的，轻轻摘下一颗，放入口中，甜美的果汁瞬间在舌尖绽放，香气清新而芬芳，仿佛连风都被染上了草莓的甜美。

草莓是蔷薇科草莓属的多年生草本植物，由野生草莓驯化而来，欧洲、美洲和亚洲为野生草莓三大起源及分布中心。早在14世纪，欧洲人便开始在庭院种植草莓，当时的草莓果实较小，多以观赏为主，兼作食用。而现代大果型栽培草莓——八倍体的凤梨草莓，起源于法国，是弗吉尼亚草莓与智利草莓两个八倍体野生草莓杂交的后代。弗吉尼亚草莓于17世纪初自北美引入欧洲，而智利草莓则由法国人于1714年自智利引入法国。智利草莓果实硕大，但最初引入的植株全为雌株，无法正常结果，且口感欠佳。直至1750年前后，法国人从二者杂交后代中筛选出了大果凤梨草莓，即现代栽培种，不仅有智利草莓的大果性状，还兼具弗吉尼亚草莓的抗寒性强、香味浓郁等优良性状，很快便引种到英国、荷兰等地进行栽培，并逐渐传播到世界各地。20世纪初，大果凤梨草莓才传入我国，至今仅有百年的历史。但从20世纪80年代起，我国草莓产业迅速崛起，栽培形式也日益多样化，北至黑龙江，南至海南，东至浙江，西至新疆、西藏均有种植，栽培面积和产量已居世界第一位。

草莓芳香多汁，营养丰富，还是早春时节最早出现在我们餐桌上的，因此也有“早春第一果”的美誉。草莓中含有丰富的维生素族群，包括维生素C、维生素A、维生素E、维生素PP以及B族维生素（维生素B_1、维生素B_2），还有胡萝卜素、鞣酸、天冬氨酸、铜、草莓胺等多种活性成分，以及果胶、纤维素、叶酸、铁、钙等矿物质。特别是维生素C，草莓的含量高出苹果和葡萄的7~10倍，而且苹果酸、柠檬酸、维生素B群及钙、磷、铁等元素的含量，也是苹果、梨和葡萄的3~4倍。草莓中还富含胡萝卜素与维生素A，能帮助缓解夜盲症，具有维护上皮组织健康、明目养肝，促进生长发育之效。其富含的膳食纤维如同肠道的“清道夫”，可以促进胃肠道的蠕动，帮助食物消化，有效改善便秘问题，同时降低痤疮与肠癌的风险。

对于草莓来说，直接品尝它的原汁原味无疑是最简单也最纯粹的享受。而草莓搭配奶油或冰淇淋，制成草莓奶昔、草莓冰淇淋，更是夏日里不可多得的

红色草莓

白色草莓

清凉美味。此外，草莓在烘焙界是非常重要的成员，草莓蛋糕、草莓派、草莓挞，这些甜点以草莓为点缀或馅料，不仅色彩诱人，更添一份自然的果香，每一口都是幸福的滋味。

草莓地应选择地势稍高、地面平整、排灌方便、光照良好、有机质丰富、保水力强、通气性良好、pH 值呈弱酸性或中性的肥沃土地。栽植前需清除杂草，施足底肥，整地作畦。建议购买商品秧苗，注意定向移栽，一穴一株，栽植深度以上不埋心、下不露根为宜，栽苗后浇透水，保持土壤湿润。草莓从定植到开花结果需肥较多，除要施足基肥外，还要适时补充肥料，适氮重磷、钾。地膜覆盖可早熟、增产，提高果实质量，应注意经常摘除病叶、枯黄叶及病果。常见的病害主要有叶斑病、白粉病、灰霉病、根腐病和黄萎病等，防治应注意及时摘除病叶、老叶，进行药剂喷雾。常见虫害有蚜虫、白粉虱、螨类等，可采用彻底清园，设置黄板，释放丽蚜小蜂和药剂喷施等方法防治。一般采果前两周停止用药，采收时可采用剪刀等器具将果实剪下，尽量避免伤害植株。

第四节 “药食同源”山药

宋代诗人张镃在《南歌子·山药》一诗中写道：“雪香酥腻老来便。煨芋炉深，却笑祖师禅。”冬日庭院里，炉火正旺，山药经过慢火细炖，散发出阵阵诱人的香气。

山药起源于热带和亚热带地区，是一种喜高温和短日照的植物，广泛分布于世界多地。关于其起源中心，学术界虽尚未达成共识，但普遍认为有美洲、非洲、亚洲三大起源中心，我国是薯蓣属植物重要的起源分化中心之一。山药作为一种药食同源的植物，在我国的历史十分悠久，早在一万年前的新石器时代晚期，我们的先民便已开始种植和食用山药。《山海经》中记载：“景山，南望盐贩之泽，北望少泽，其上多草、藷藇。”“藷藇”即为山药。山药的食用记录最早见于《卫国志》，公元前734年，卫桓公将产自古怀庆府（今河南焦作）的山药作为贡品献给周王，自此历代皇室皆视山药为滋补佳品。《神农本草经》中将山药列为上品，赞誉其能补中益气、调和寒热、强健体魄，长期服用可使耳目聪慧、身轻体健、延年益寿。宋代朱熹形容其“色如玉、香如花、甜似蜜，味似羊羹。”近年来，随着人们对健康饮食和养生保健的重视，山药的需求量不断增加，山药产业得到了快速发展，种植面积和产量均大幅提升。

山药营养价值丰富，不仅可供食用，还可入药。明代中医典籍《本草纲目》中记载到：“薯蓣入药，野生者为胜；若供馔，则家种者为良。”也就是说野生的山药药效更强，是治病的良药；而家里种的山药，味道更好，适合当

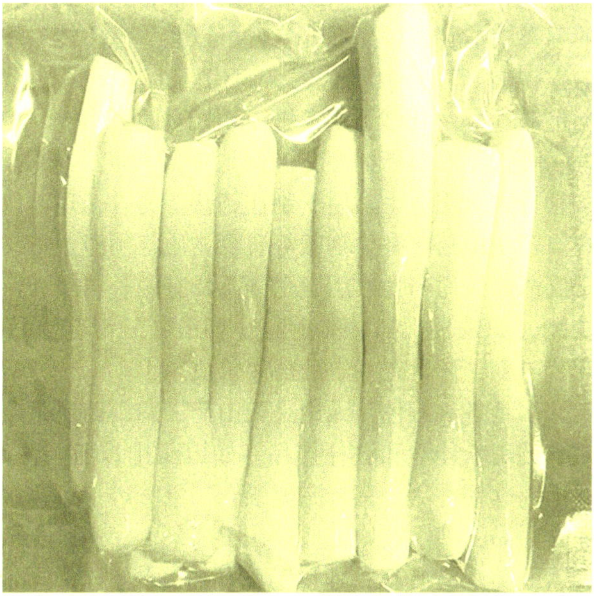

去皮山药

美食享用。山药的主要成分是淀粉、多糖、蛋白质，还含有维生素、微量元素、尿囊素、甾体皂苷、胆碱、甾醇类化合物等。其中，山药里的抗性淀粉特别多，占到干物质含量的20%以上，热量低且消化吸收缓慢，还能帮助控制血糖，对肥胖和糖尿病患者特别友好。多糖作为山药的主要活性成分之一，是影响山药口感的重要因素，还具有抗肿瘤、抗氧化、延缓衰老及降血糖等多重功效。山药所含蛋白质中的氨基酸种类丰富，其中精氨酸、谷氨酸、天冬氨酸含量尤为突出，更包含人体必需且无法自行合成的8种氨基酸。而且，山药对微量元素具有极强的富集能力，其块茎中含有磷、钾、钙、锰、铁、锌、硒、镁等多种元素，在人体内参与酶催化、蛋白质合成及免疫调节等关键生命活动，发挥着重要的调节作用。山药中的尿囊素，是一种具有广泛药用价值的成分，它不仅能消炎抑菌、促进细胞生长、加速伤口愈合，还能软化角质蛋白，因此在治疗手足皲裂、鱼鳞病、银屑病等多种皮肤病及消化性溃疡方面有显著疗效。山药中还有一种叫作甾体皂苷的神奇成分，也是山药中的活性成分之一，在抗癌、降血糖、防治心血管病和免疫调节中具有重要作用，越来越受到人们的关注。从山药里提取出来的薯蓣皂苷元，可以用来生产甾体激素类药物，是世界第二大类药物，仅次于抗生素。

根据形状来看，我们常见的山药有长山药、扁山药和圆山药。长山药是山药中较为常见的一种，它们的地下块茎是长圆柱形，肉质肥厚，直径较大，通常都具有较好的口感，适合多种烹饪方式，可以蒸、煮、炖、炒等多种方式食用，河南焦作的铁棍山药就是典型代表。扁山药上窄下宽，形状像脚掌或扇形，大多有纵向褶皱，外形比较独特，适合用于炖汤等需要长时间熬煮的菜品。圆山药也是一种常见的山药类型，椭圆形或团块状，肉质紧实，适宜蒸、煮、炖、炒等多种方式食用，也常用于制作药膳。另外，还可以分为药用山药和药食兼用山药。药用山药含有生物碱等有毒物质，须经过特殊处理后才能食用，主要用于干制入药。而药食兼用山药则既具有滋补营养和保健作用，又可作为食材烹饪食用，如铁棍山药、淮山药（怀山药）、细毛山药和麻山药等，不仅口感好、营养丰富，还具有一定的药用价值。

山药的种类繁多且各具特色，无论是长山药、扁山药还是圆山药，它们都是餐桌上不可或缺的美味佳肴和滋补佳品。如山药排骨汤，汤汁鲜美而不腻，排骨酥烂可口，山药软糯香甜，三者完美融合，滋味妙不可言。拔丝山药，是宴席中的一道经典甜品，糖浆被均匀地裹在山药条上，经过冷却后，糖浆凝固成丝，轻轻一咬，既美观又有趣，外皮酥脆甜蜜，里面软糯香甜，甜而不腻。更有山药糕、山药泥等甜品，将山药的甘甜与细腻发挥到了极致。

山药的产量和品质受种薯质粒的优劣影响，栽培时应选优质、健壮、合适规格的种薯，如山药栽子、山药段子、山药零余子。山药栽子是指山药上端具有隐芽和茎斑痕的部分，粗壮无分枝，无病虫害，色泽正常。山药段子即将山药块茎切成 10~15cm 的段，注意切刀须消毒。山药零余子是山药叶腋间生出的肾形或卵圆形的珠芽，应选择外形端正、粒大饱满、有光泽、无病虫害、无划伤的大零余子作为种薯。山药依赖大量须根吸收养分，对土壤要求较为严格，适宜生长在微酸或中性（pH 值 6.0~8.0）土壤中，土层深厚，有机质含量高，疏松肥沃，且地下水位低，排水流畅。传统栽培方式有单沟起垄、双沟起垄、双沟平畦等，还有打洞种植、套管种植、窖式种植等方式。春季播种前，施腐熟有机肥、磷酸二铵、尿素、硫酸钾等。甩条发棵期，追施尿素；茎膨大期，对磷肥需求量大，适当施用钾肥。地温 9℃以上后即可定植，华南地区一般在 3 月，西南地区在 3 月下旬至 4 月，华北地区则在 4 月中下旬。山药出苗后生长迅速，蔓茎长至 20~30cm 时要及时搭架；生长旺期应不定期摘除下部植株叶片与侧枝，促进通风透光；生长后期零余子过多时也应及时摘除，避免与地下块茎争夺养分。